奇普·基德的
设计世界

关于村上春树、奥尔罕·帕慕克、尼尔·盖曼、伍迪·艾伦等作家的书籍设计故事

[美]奇普·基德　　　著
钱昊旻　　　译

重庆大学出版社

采访

奇普·基德的自问自答

2016年夏

Q：说说你的工作吧：老实说，它跟我们有什么关系吗？
A：哈，谢谢关心。

Q：抱歉，开个玩笑。但其实你自己也感觉到了吧。
A：是的，偶尔。因此我写了这本书。

Q：所以在上一本书出版后，这十年间发生了什么事？
A：说多不多，说少不少。

Q：一个毫无意义的回答。
A：是的，但我想你也懂我的意思。

Q：好吧，你赢了。让我们重来一遍，从你过去十年间最喜欢的问题开始问：电子书的出现对你的设计有什么影响吗？
A：这不是我最喜欢的问题，但总有人这么问我。其实原来在聊天的时候人们一般都会问我："在你开始设计之前你会读那些书吗？"现在才是"电子书影响你的设计过程吗？"紧接着是"以后的出版物会是怎样的情况？"
对于第一个问题，我的回答是"完全不会"。那是完成设计之后的事情。对于第二个问题，"我完全没有想法，现在没有，以后也没有"。

Q：但你一直以来都在与它打交道。
A：是的，但这并不意味着我知道将来会发生的事。更重要的是，这与我创作一个封面关系不大，怎样做好设计才是我应该思考的。
众所周知，书籍出版行业的命运从它诞生之初就飘忽不定。不断的变化是这个领域唯一不变的事情。但我认为实体书的本质依旧让它难以被取代——它们是永恒的；它们可以被永久地保存，码放在书架上，随时随地查阅，并且比人类在这个世界上待的时间更长。没电的时候，你依然可以燃起一根蜡烛，然后打开你的书去阅读。

自从我开始做这份工作到现在的30年间（将来也是），我明白了一个道理——无论什么形式的书籍，它的作者都希望这本书在视觉上尽可能地引起他人的兴趣，并在他们脑海中留下深刻的印象。我坚信这一点无论如何都不会发生改变。宏观地讲，我们的文化是视觉的，即便某个物体承载了需要阅读的文字信息，我们仍然想先简单地看一下，然后再阅读、理解这些文字内容。

Q：我发现这本书里有很多自拍，那些著名作者和你服务过的客户的自拍。
A：没错。但这不是问题。

Q：好吧，为什么要这样做？
A：当然是我想这样做。如果说这本书记录了我在这个世界上做过的事情（听起来很狂妄自大，但这确实是我真实的想法），我想这些照片有着同样的作用。而且他们都是非常杰出、优秀的人，与他们共事我感到很荣幸。那为什么不分享出来呢？

Q：你打算做这份工作到什么时候？
A：越久越好，只要人们希望我一直做下去，并且付我相应的报酬，这很重要。有件事一直让我很在意，那就是如果我们没有好的灵感和专业的设计，平面设计也许会变成类似电脑程序那样，任何人只要购买这个程序，然后把你的问题和要求输入进去就解决了。有些网络上的自助排版程序已经提供类似的服务（比如从六种看起来不能更烂的、如同犯罪片预告海报那样的画面中选择封面）。那可不是设计，仅仅是修图而已。

Q：回到那个"完全没有想法"的问题。电子书为什么不会对封面设计产生影响呢？
A：因为封面的设计过程是关于创意和灵感，而不是接收它们的媒介。真正发生变化的其实是完成某件事的速度。没错，我指的就是电脑。神奇的是，我能赶在苹果公司发布一系列产品前成为最后一批学习手绘技巧的设计师，这实在是太幸运了。
没错，很幸运。我能体会到在过去做设计多么困难，这是一个需要克服重重障碍的体力型劳动。在这个过程中，很多环节都让人很痛苦，比如排字、校对颜色、排版，以及其他需要花费一周甚至更久的准备工作等。我一点都不怀念这些工序，可我认为它们可以强化我概念化的思考能力。尽管这些听起来很老套，但当你给研究设计的学生们布置好任务时，他们马上就去网上搜索。这真的很遗憾。

Q：确实古板又老套。你为什么会觉得遗憾？
A：因为使用互联网让他们放弃了思考。他们本应自己动脑子。

Q：你怎么知道他们不愿思考？
A：因为我曾亲眼见过。我不是说他们都是些没脑子的家伙（他们中有不少极具天赋的学生）。这也不是什么新鲜事，我还记得20世纪80年代宾夕法尼亚大学的一次设计课堂中，有个学生有一套非常好的喷枪工具，因此他所有的作品都有种丝绸般细腻柔和的光泽。他的作品非常令人着迷，但这些作品少了些东西，它们缺少更为核心的思想和主题，尽管它们很漂亮。这些设计华而不实，仅靠这些是无法蒙混过老师的。

Q：你是说兰尼·索曼斯（Lanny Sommese）吗？
A：对，还有比尔·金赛尔（Bill Kinser），他们的性格很像，而且都是才华横溢的平面设计教授。他们犀利而老练，在他

采访

奇普·基德的自问自答

2016年夏

们的课上勤奋努力远远不够，你还得足够聪明。

Q：为什么不尝试一下别的东西，比如说Instagram？
A：因为现在可选择的社交媒体太多了。我偶尔会在Facebook和Twitter上发一些内容，这已经足够了。我可以更好地利用社交媒体，但就目前来说，我在Facebook，Twitter和我的官方网站上发布跟我工作相关（或者无关）的内容就够了。

Q：你喜欢写作吗？
A：我讨厌写作，也不擅长写作，写这篇"对谈"尤其痛苦。

Q：那你为什么还写？
A：我认为个人成长对于设计师来说是个很重要的部分，特别是在书籍出版行业。学习写作就是学习如何最有效地把信息传递出去，这与设计师的工作是一样的。问题是与我合作的都是世界顶级作家，当我阅读他们的作品时我会想，"我为什么要自找苦吃？"但有些事你不得不做，至少应该尝试一下。

Q：你被问到的最好的问题是什么？
A：我想，应该是"你人生最愚蠢的差点让你死掉的经历是什么？"

Q：那么你的答案是？
A：2006年6月的一个上午在东伦敦的Weiden + Kennedy的一次谈话。

Q：我的天哪！到底发生了什么事？
A：你都知道的，而且我也不打算在这里说。也许以后我会在另一本书里讲一讲。

Q：你曾说过三流作家是最难共事的，因为他们潜意识里总是希望用书籍封面来粉饰自己作品的平庸。对吗？
A：什么？我从来没说过这样的话。

Q：没有公开地讲。但你有这么想过，对吧？
A：无可奉告。我们的对话该结束了。
你这混蛋。

"天才？如果只是嘴上说说，
你永远不会知道西斯廷教堂穹顶上的
壁画是怎么完成的。"
大卫·赛德里与艾米·赛德里（David & Amy Sedaris），
One Woman Show.

序言

姓名的背后

村上春树

我第一次遇见奇普·基德是20世纪90年代初在克诺夫出版社（Knopf）位于纽约的办公室里。他在克诺夫出版社工作，出人意料的是，他现在还在那。

当有人向我介绍他时，我首先想到的是他的名字，"奇普·基德？不是常见的名字呢。"我不知道这个名字对于美国人来说是怎样的形象，但作为日本人，奇普·基德让我想到旧时西部地区或动画电影中的枪手。一位美丽的女性被坏人绑在铁路上，迎面而来的是一辆全速前进的蒸汽火车。这时，奇普·基德带着酷炫的左轮手枪，骑着一匹矫健的白马突然出现，轻松救下了女主角。

我当时应该直接问他，"这是你的本名吗？还是你工作时用的名字？"但我刚认识他的时候就这么问似乎不太礼貌。后来每次见面的时候我都想问清楚，但我从没问出口。所以他究竟是一个怎样的人呢？

话虽如此，但奇普·基德的实际生活跟左轮手枪（或者AK47、M16之类的）毫无关系。我也无法想象他骑着白马是什么画面。（虽然只是我自己的想象，但我很好奇他究竟骑没骑过马。）

奇普适合在城市生活。我是说，我要么在纽约见过他，要么就是在东京，所以很自然地联想到他走在大街上的情景。他每次来东京的时候，我们都要喝许多日本清酒。如果他有时间，他会在整个东京闲逛，寻找那些罕见的日本玩具或旧图册，沉醉于东京的各种神奇事物中，我想他也没空去骑着白马拯救漂亮姑娘。

很奇怪的是，每次看到他设计的图书时，我越发觉得奇普·基德就是最适合他的名字。无穷无尽的灵感、超越常规的洞察力、狡黠的幽默感、不经意间流露出的激情，"奇普·基德"就是一个有着这般魔力的名字。

至少对于我来说，这是一个极富智慧的名字，其中蕴含着精致、优雅和远见，又有一点超脱现实——似乎这个名字只能存在于大城市的街区中，抑或老式默片电影和动画中。奇普·基德和他的书籍封面设计作品之间有种旁人难以企及的联系，他们关联得紧密而巧妙，以致我除了发自内心地赞叹之外别无所能。

无须赘述，他的设计之所以深得人心，毫无疑问与他对传统实体书这种形式的喜爱与尊重有很大关系。加上他非常善于从书籍内容中寻找作者的声音和诉求，并将它们转化成独特的设计语言。他在设计中注入了丰富的情感和对书籍作品的深刻理解与尊重，人们很容易接受这样的设计并形成共鸣。

人们常说不能仅靠封面去评价一本书。究竟有多少人因为看了他设计的封面然后拿起书看一看，恐怕只有老天才知道。同样的，我也不清楚凭借他的设计，我的书多卖了多少本。但我知道奇普·基德是一位难能可贵的合作伙伴。这也是为什么每次他来东京，我都要请他去痛饮一番。

即使奇普可能并不适合骑着白马摆弄闪耀发光的左轮手枪，但这个传奇英雄依然迈着大步，以奇普·基德之名走向书籍设计的日落光晕中。一个非常奇普·基德式的薄暮黄昏。

——村上春树

A 这张照片是2002年在我公寓里给村上春树举办的聚会上拍的。我当时非常想把我收集的20世纪60年代日本蝙蝠侠周边给他瞧瞧。他那充满文学思想的感谢便签也附在下面。

B 村上春树短篇集《没有女人的男人们》(Men Without Women，克诺夫出版社，2017)设计过程的照片。左上的照片摄于2016年4月我们在东京共进晚餐的时候。我在上面放了一张牛皮纸，并用油性铅笔描绘出他的剪影造型。然后，我把日本汉字中的"女"字转变成一块拼图。最终在他的心脏部位"抠出"这块拼图。相信我，如果你看过这本书，你会跟我有一样的感觉。但好在书中描绘的痛苦与不幸都是虚构的。

A

B

作品——村上春树

村上春树的小说《天黑以后》(After Dark)讲述的是一个发生在东京夜晚的故事。幸运的是,我在设计这本书封面的时候正在东京参加一个设计研讨会。所以我找了一天晚上,在夜里10点到凌晨3点之间出去走了走,然后拍了很多照片。听起来很累,但当你从美国来东京的时候(尤其是东海岸),人体内的生物钟会完全颠倒,直到慢慢调整到正常状态。所以我当时的状态很清醒,就像白天一样。那是2006年,当时的手机摄像功能还不完善。直到现在,我使用的仍是松下Lumix傻瓜相机,这款相机很不擅长偷拍。东京和纽约很像,有很多地方都是24小时营业。一个柏青哥弹子房吸引了我的注意,那是放了很多日本弹球机器的娱乐场所。室内灯火通明,粉色和黄色的光线非常明亮。当我试图从便道上拍一张照片的时候,两扇巨大的、有着磨砂贴纸的玻璃门突然关闭。但我已经按下了快门,"真该死!"我暗自抱怨,等待着它们重新开启。直到第二天我才意识到,这就是我想要的照片——它完美地捕捉到了书里所描绘的神秘感和错乱感。尽管你可能无法识别这是什么东西,但它的表现形式却十分迷人。

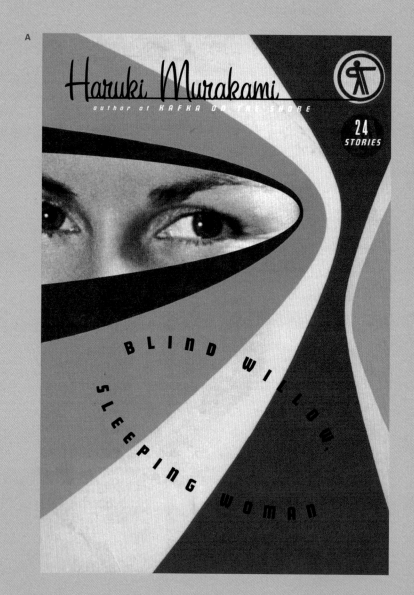

A 我找了一张日本复古爵士乐唱片的插图用于村上春树的这个系列。他非常喜欢爵士乐,在他的作品中也反复体现。克诺夫出版社,2006。

B 一家位于东京的二十四小时便利店。我尝试用这个素材作为《天黑以后》的封面,但有点过于平淡和日常化,缺少了小说的感觉。

C 一座亮着霓虹灯的建筑从雨水中反射的倒影,位于银座地区。很好的照片,但过于抽象。

D Bingo!这才是理想的封面。克诺夫出版社,2007。

B
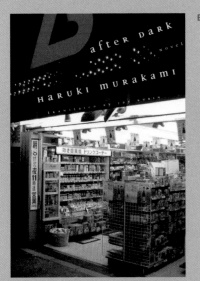

C

D

奇普·基德的设计世界：
关于村上春树、奥尔罕·帕慕克、尼尔·盖曼、伍迪·艾伦等作家的
书籍设计故事

009

村上春树的多才多艺一直让我感到不可思议。他让我想起约翰·厄普代克（John Updike），他从写作中抽身投入到艺术创作中，他也喜欢看泰德·威廉姆斯（Ted Williams）的比赛（见75页）和研究高尔夫。而村上春树选择了跑步。我想保持简洁的整体设计，同时在标题结尾处搭配一些有趣的字体，好像运动中一样。在这里，作者的照片成了一种符号，而不仅仅是一幅肖像，毕竟这是村上春树，而不是吉姆·菲克斯（Jim Fixx）（谢天谢地）。

长篇小说《1Q84》涉及了多个主题：身份的概念、极权主义、存在的二元性、私自执法等，这是一部低调且充满野心的文学作品。村上春树用他标志性的文字，以平行故事的形式将这些主题融合在一起。

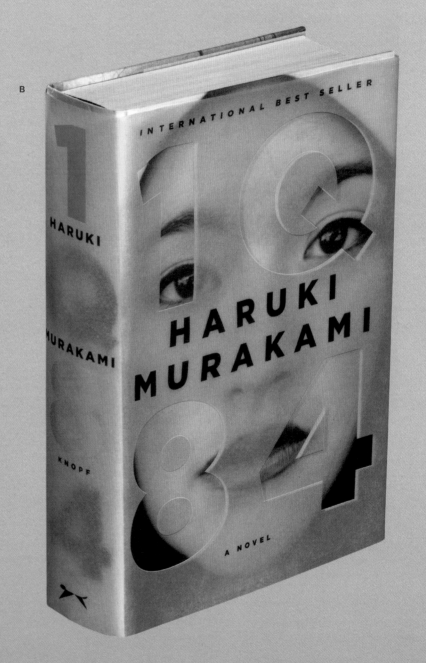

A	克诺夫出版社,2008。
B	克诺夫出版社,2011。
C	同上。

我想延续平行故事这个概念,因此决定采用一种前所未有的书籍封面设计形式,正好也与书本内容息息相关。我将它们合二为一,就像它们是无法分割的整体一样。我简单地与另一位设计师芭芭拉·德怀尔德(BarBara deWilde)分享了这次设计的想法,我们早在1992年推出过唐娜·塔特(Donna Tartt)所著的《校园秘史》(*The Secret History*),但这次将尝试一些不一样的设计。

之前的封面设计采用透明硫酸纸,并且分离书衣上的字体和封面的画面。对于这本书的设计,我使用半透明的牛皮纸,在上面呈现四色印刷的画面,只有将书衣和本体重叠在一起才能体验到完整的设计。

这种制作工艺难度非常大,但好在我们神圣伟大的天才出版总监安迪·休斯(Andy Hughes)总有解决办法。就在我们即将大功告成的时候,装订厂却拒绝制作。我不责怪他们,但我需要解释一下:通常在图书出版行业,一本书的书衣制作和装订是由两家不同的公司完成。封面印刷完成后会送到装订工厂那里进行装订。

问题就出在了这里:这本书书衣选用的纸张太薄了,而且表面很光滑(尽管它们很结实,有很强的防撕裂特性),装订施工主管认为将书衣和封面上的画面精确对齐是不可能的,印刷厂[尊敬的当纳利集团(R.R.Donnelley),上帝保佑他们]也不会对由此产生的误差负责。出版总监安迪跟他们商量出来一个结果,那就是允许左右有四分之一英寸的误差,然后问我是否接受。

C

奇普·基德的设计世界:
关于村上春树、奥尔罕·帕慕克、尼尔·盖曼、伍迪·艾伦等作家的书籍设计故事

这当然没什么问题，后来我想这种程度的误差完全不会对设计产生影响，同样也不会有人认为这是印刷上的失误。在解决了这个问题后，当纳利集团开始全力推进。

在书店看到不同版本的封面其实还挺有意思的，有的完美重叠，有的则好像戴着白色的阴影，它们或左或右，但它们依然按照预先设想的那样形成一个完整的画面。吹毛求疵地讲，误差应该超过了四分之一英寸，但好在没造成不好的影响，当纳利集团也渡过一劫。

我们与书籍内页设计师麦琪·辛得丝（Maggie Hinders）一起合作了所有村上春树的书，当然还有《火之城》（*City on Fire*，详见248-253页）。她是一位非常优雅而杰出的设计师，跟她一起工作很是享受。

这本书帮助村上春树出现在《纽约时报》（*New York Times*）评选的最受欢迎实体小说名单中，荣居第二位。

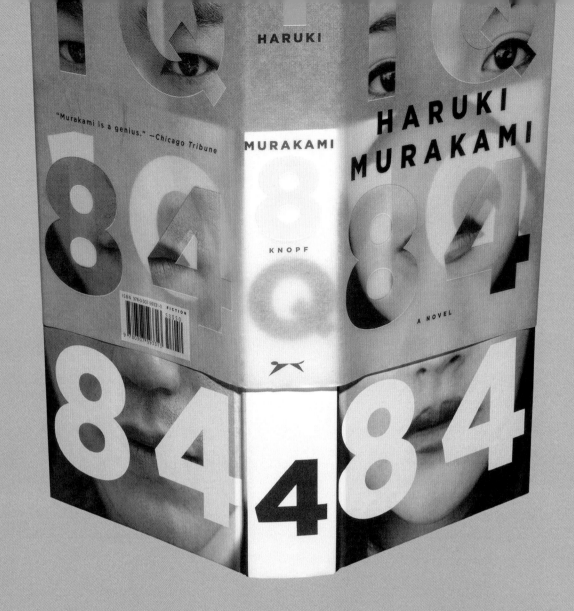

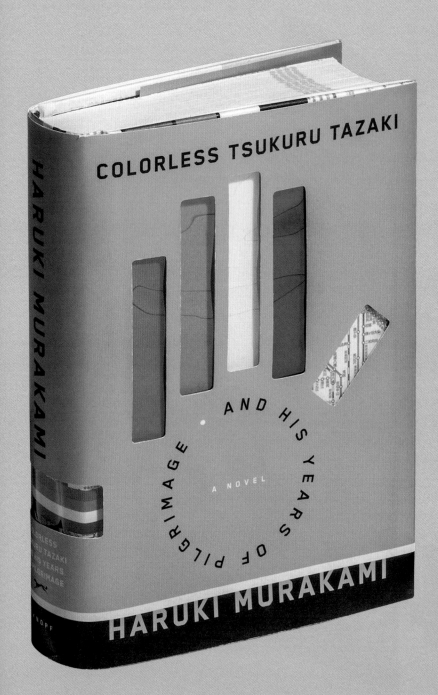
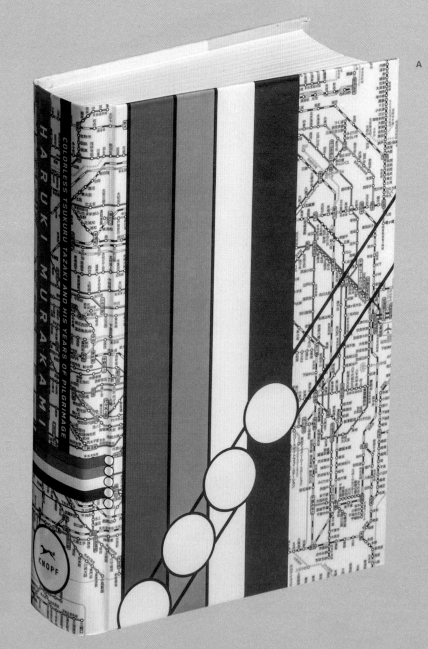

A 克诺夫出版社，2014。

B 收录了村上春树的前两部小说，画面由乔夫·斯佩尔（Geoff Spear）创作。克诺夫出版社，2015。

C 收录了与音乐大师小泽征尔关于音乐的对谈，画面由埃里克·汉森（Eric Hanson）创作。图中的乐谱选择了《贝多芬的第二钢琴协奏曲》。克诺夫出版社，2016。

对于设计师来说,从书名像《1Q84》这样简单而极富标志性,过渡到《没有色彩的多崎作和他的巡礼之年》(*Colorless Tsukuru Tazaki and His Years of Pilgrimage*)这样的书,非常具有挑战性。但是书中的内容提供了做设计的所有素材:日本高中的五个伙伴,他们中的四人名字都带有颜色——赤、青、黑、白。其中的第五位,也就是故事的讲述者,他的名字却与颜色无关,因此取了这样的书名。从本书的前几页我们发现他陷入了深深的绝望中,因为在进入大学第一年之后的那个夏天,他的朋友们突然与他断绝了关系。接下来他试图振作起来,并慢慢寻找他们离开他的原因。在他追寻的旅程中,有一位朋友曾说"我们原来就像手掌上的五根手指",所以就有了封面上的布局。我还把书中主角经常搭乘的东京地铁局部地图用到了封面上。他那"透明"的地铁线路与其他人相交,呈现出他在故事中的旅途。

这本书的设计比《1Q84》还要复杂和抽象,但它却获得了《纽约时报》评选的畅销书榜单第一名,而且保持了四周之久。我想,村上春树不断上涨的人气,就是克诺夫出版团队所作贡献与所得研究的最好证明吧!他们之间已合作了20年,并将继续合作下去,创造更美好的作品。

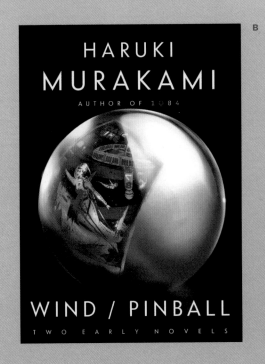

奇普·基德的设计世界:
关于村上春树、奥尔罕·帕慕克、尼尔·盖曼、伍迪·艾伦等作家的书籍设计故事

《图书馆奇谈》(*The Strange Library*)是一部文字非常巧妙的梦幻之作。这本书的原稿只有二十多页,讲述了一个小男孩和一个图书馆的黑暗幻想故事。他被困在当地的图书馆,在那里饱受折磨,但最终被图书馆里的超自然精灵所救。敢于尝试的克诺夫出版社主编索尼·梅塔(Sonny Mehta)想让我把这本书做成一本画册。

然而这也是我想做的,真巧。

A 克诺夫出版社,2014。

B 出现在《图书馆奇谈》中的艺术图片,我可以看它们一整天。

C　本书的欧洲版使用现有的图片配合文字，英国版则大量使用图书馆的图片（比如卡片目录、布满灰尘的厚重图书、黄页等）。这些设计都很好，但在我看来，它们的处理方法十分相似，这也给了我更多的发展空间。在过去的十多年间，每次去日本我都会收集诸如明信片、票根等纸质印刷品（见下页），我的设计似乎可以由此展开。对于版式设计，我想到了纸板火柴和类似机关的概念，如果你想打开它，你必须去尝试解开这些机关。

一旦你开始阅读，你就会"陷入"其中（而且会一直被一条绿眼睛的狗监视，就像书中的小男孩那样），直到你合上它然后"逃回"现实世界。我想这些画面可以让你感受到男主角在图书馆的囚禁中遭遇到的事物。

C

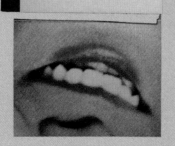

奇普·基德的设计世界：
关于村上春树、奥尔罕·帕慕克、尼尔·盖曼、伍迪·艾伦等作家的书籍设计故事

序言

奥尔罕·帕慕克
Orhan Pamuk

为什么一本书的封面或书脊会像眼睛一样盯着我看,这让我感到非常困惑。可能是因为一本书的封面可以让我们完整地"窥探"书里的内容。

我一个喜欢文学的朋友告诉我,他的新工作是在一家小型学术出版社工作,工作不是很难。但是有件事让他很反感:那里的工作人员对他们出版的书毫无热情。这家出版社有一套标准的封面设计模板,所有出版的书都套用这个模板,而且他们从不设计新封面。

一个好的封面设计能让你在不看作者和书名的情况下,仅凭画面、颜色和排版设计就能识别出一本书。

当我买一本心爱之书的新版本时,我喜欢告诉自己这本书在文字上会有更新和修订,或者会有一个新的介绍。但实际上,我只是喜欢这个新封面。

我喜欢跟朋友们一起浏览我的书房,和他们聊聊这些书和它们的作者。我最喜欢有人说:"我也有本一样的书。不过我的是另外一个封面。"

当我们反复阅读一本书,对书中内容深信不疑,并且这本书在你的生活中非常重要,然后在它出版了多年后发现它以一种全新的封面推出的时候,你一定非常惊喜,并渴望去一探究竟。我们年轻时的梦想和阅读过的书籍会一直伴随我们的成长!但当我们发现这本熟读过的书有了新的封面,它给我们带来了陌生感,也引起了好奇心,在这之前我们并没有太过关注这本书。究竟是书发生了改变,还是我们?或者是现在的读者跟原来不一样了?对于读者来说,一本他们熟悉的书更换了新的封面很有可能意味着背叛。

我见过很多作者,他们说他们的书卖得不好都是封面的缘故!也许有些情况是这样的。但我从没听谁说过他们的作品卖得好也有封面的功劳。

——奥尔罕·帕慕克

A 帕慕克肖像的街头涂鸦,摄于2010年伊斯坦布尔,当时我在参加当地的一个设计论坛。我在城里的好多地方都看到了这样的涂鸦,也许某天它们可以用于他所著书籍的封面,或者用于他写的其他文章,我在这里也做个记录。

B 和帕慕克一起在我公寓附近的餐厅吃了顿日式烤鸡肉串套餐,2014年秋摄于纽约。

C 我为《别样的色彩》设计的第一个封面,奥尔罕的经纪人认为它的伊斯兰风格过于明显,因此不是很好。我个人表示否认。

D 最终版的设计——不,这不是作者,这是立于博斯普鲁斯海峡上的加拉塔大桥。我采用了一种非常经典的"黑白照片搭配色彩"的设计。克诺夫出版社,2007。

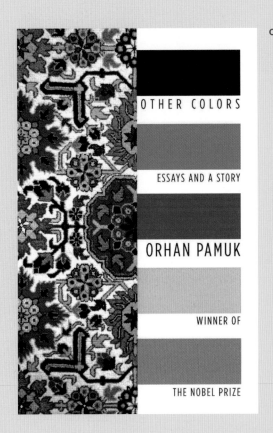

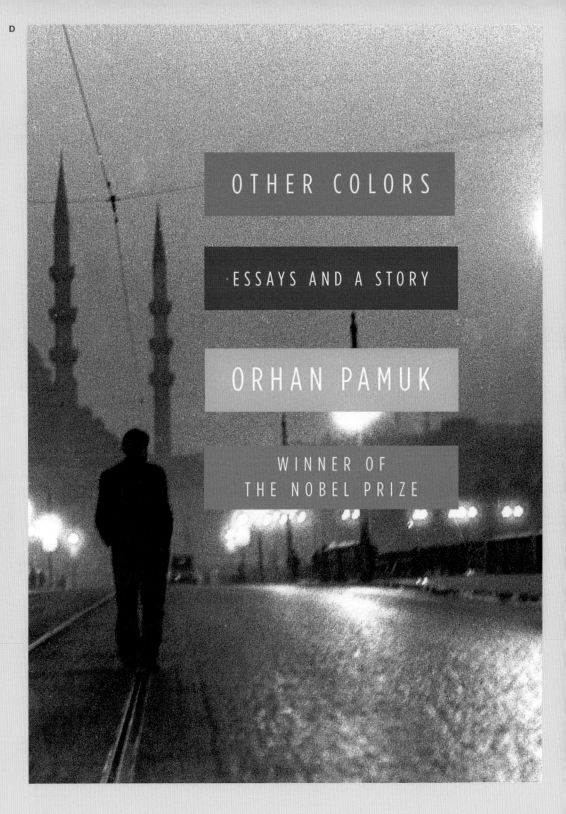

作品——奥尔罕·帕慕克

奥尔罕·帕慕克是我认识的胆子最大的人之一。2005年,他曾公开谈论奥斯曼帝国时期的亚美尼亚种族屠杀和对库尔德人的迫害,他本人冒着很大的风险(在当地这种行为是严重违反法律的)。在此之前他是土耳其最受欢迎的现役作家,但他却不得不面对"破坏土耳其荣耀的罪犯"这样的指控。最终指控被撤销,但还是对他进行了严厉的罚款和严肃的警告。这个事件让土耳其的言论自由更受重视,并且影响至今。除此以外,他还是很喜欢这个国家的。

我很荣幸与他合作,自从他的《我的名字叫红》(*My Name Is Red*)于2001年出版开始已经过了15年。之后是《雪》(*Snow*)和《别样的色彩》(*Other Colors*),但是直到《纯真博物馆》(*The Museum of Innocence*)我才觉得我们的关系变得很亲密。他投入大量热情去搜集、保护和传承那些对人们有深远影响的事物和书籍,这让我们无比着迷。在《纯真博物馆》的故事里,一位叫凯末尔的富有商人与茜贝尔订下婚约,他在给订婚对象购买手包的时候遇到了一位叫芙颂的女店员。两人之间产生浪漫却不正当的爱情,当这段感情戛然而止的时候,凯末尔收集了与芙颂相恋时的各种物品,希望可以借由它们来重温那段时光。这成了他与她的生活博物馆,凯末尔用自己的方式去保存他们二人的美好回忆。

更让人出乎意料的是,奥尔罕竟然真的创造了这样一个地方:它位于伊斯坦布尔Beyğolu地区的Çukurcuma,那里展出了小说里的伊斯坦布尔日常生活的点点滴滴。

A 这是最终的封面,我想让整个画面更有趣,就像万花筒那样,以此来反射书中主角凯末尔的思维世界。克诺夫出版社,2009。

B 奥尔罕为《纯真博物馆》提供的画面,这是我的第一次尝试……

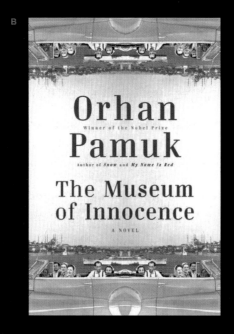

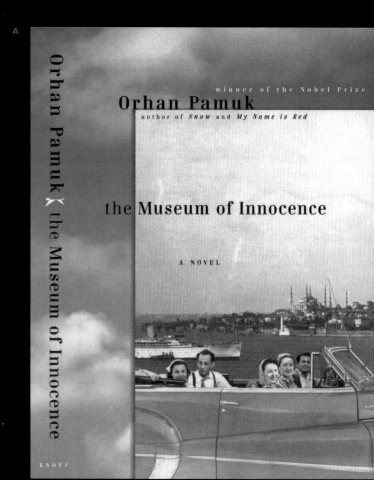

C 我为奥尔罕的第二本小说《寂静的房子》
（Silent House）设计的封面。这本书最终
于2012年翻译成英文。封面描绘的是土耳
其的传统茶艺。

D 2006年10月12日，我和奥尔罕在克诺夫
出版社的礼堂参加为他临时举办的诺贝尔
文学奖获奖庆功会。

《我脑袋里的怪东西》(*A Strangeness in My Mind*) 讲述了一个与众不同的故事。这本书的主人公是一位叫麦夫鲁特的街头小贩,他贩卖酸奶和钵扎(一种土耳其传统的含有酒精的饮料)。这本书按照时间顺序描绘了麦夫鲁特的生活、爱情和苦恼,以此映射伊斯坦布尔的生活,以及过去50年间的变化。

当我为这本书做设计的时候,奥尔罕邀请我去他位于纽约的哥伦比亚大学公寓,在美国艺术文学院用过晚餐后我第一次发现他喜欢画画。他经常画画,并且画得很好。我当时并不知道他很会画画,所以有些尴尬,但这无疑为这本书的设计提供了完美的灵感。

A   我为封面绘制的示意草图。

B   奥尔罕对封面设计的巧妙演绎。画面中代表思想的气泡图案采用模切工艺制作,以此展现伊斯坦布尔和博斯普鲁斯的风貌。克诺夫出版社,2015。所有绘画和文字由奥尔罕·帕慕克完成。

C   同上。

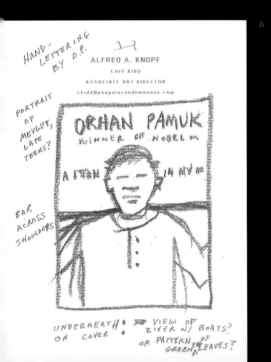

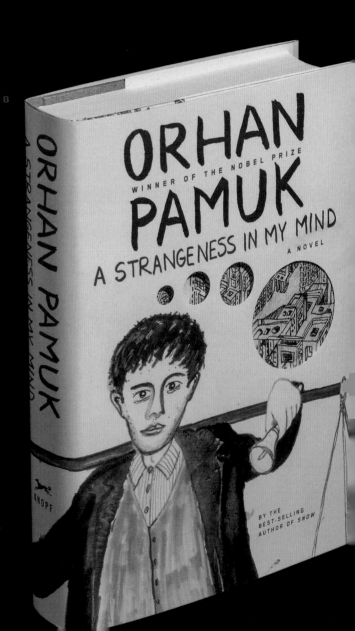

奇普·基德的设计世界：
关于村上春树、奥尔罕·帕慕克、尼尔·盖曼、伍迪·艾伦等作家的
书籍设计故事

序言

尼尔·盖曼
Neil Gaiman

我试图却未能想起我第一次知道奇普·基德的时候,我知道他设计的封面早过他本人,但具体是哪个封面?也许是 *Geek Love*?第一本喜欢的书。当我知道他是名设计师时,我才意识到有很多我喜欢的书都是他设计的封面。他也很聪明。

不久之后我们见面了。我们一起探讨过《睡魔》(*Sandman*)和《蝙蝠侠》(*Batman*)。他穿着很潮而且精力充沛:他喜欢很多东西,并且希望别人也跟他一样喜欢这些东西。

我们只共事过一次:他听了我关于错误和艺术的一个演讲,之后把这个演讲变成了诗歌,一首红色和蓝绿色相间、有图案的诗歌,它们就像从三维世界掉下来的一样,这是一本关于如何挽救失败、冒险和梦想的书。

为了做这本书,他打破了所有出版规则,有的甚至连出版商都不曾注意,直到奇普·基德做完之后。

我为他感到骄傲。

曾经有一次在一个颁奖典礼上,在这光辉的时刻和数千名观众面前,他是唯一一个与我法式接吻的男人。

我很享受这样的荣耀。

——尼尔·盖曼

A　和尼尔·盖曼在2013年埃斯纳颁奖现场。

B　《做好艺术》(*Make Good Art*)的封面、封底和书脊设计,尼尔在费城艺术大学做的开学演讲。哈珀柯林斯出版社(HarperCollins),2013(见下页)。

A

Husband runs off with a politician?

Leg crushed and then eaten by a mutated boa constrictor?

IRS on your trail?

Cat exploded?

MAKE GOOD ART

TWO OUT OF THREE IS FINE.
Neil Gaiman's 'Make Good Art' speech.

FAN-TASTIC MIS-TAKES

Neil Gaiman's 'Make Good Art' speech.

COVER DESIGN BY CHIP KIDD

ISBN 978-0-307-96184-6

HarperCollins

奇普·基德的设计世界：
关于村上春树、奥尔罕·帕慕克、尼尔·盖曼、伍迪·艾伦等作家的
书籍设计故事

作品——尼尔·盖曼

很难用语言去描述尼尔·盖曼的成就，同样也难以形容他为读者们带来多少纯粹的享受。至少对我来说是这样的，也许对尼尔·盖曼而言并非难事，因为他总有一种化腐朽为神奇的魔力。

我第一次注意到他的作品是他在1987年为DC公司创作的一系列漫画书。故事基于一位叫黑兰花（Black Orchid）的小角色，她由一个叫戴夫·麦金（Dave McKean）的人绘制。作为一名资深动画发烧友，我当然知道黑兰花是谁，她算是20世纪70年代的三线蝙蝠女侠（Batwoman），但我不是她的粉丝。然而我开始重新关注这个新系列。现在她有了新形象和全新的故事，这个角色因此更加生动和丰富。有点意思。这位作者究竟是谁？

然后睡魔出现了。尼尔又一次接手了DC的角色，并让原本默默无闻的睡魔大放异彩。经过尼尔之手，睡魔不仅仅是个角色，他更接近于"神"。他是无尽家族（Endless）的一员，这个家族的每位成员都是神祇，所有人的名字都以字母D开头：Dream（狂热）、Despair（绝望）、Destiny（命运）、Destruction（毁灭）、Desire（欲望）、Death（死亡）。真是一个令人着迷的设定。

所以，尼尔做了些什么？

他做好艺术。

尼尔的"做好艺术"项目始于2012年他在费城艺术大学做的一个演讲，影响力非常大。然后来自哈珀柯林斯出版社的一位编辑联系我，希望把这个演讲做成一本书。我在视频上看了他的演讲，当我听他讲话时我已经开始思考书本上的文字如何呈现。他的演讲新奇、梦幻、激动人心。

因此我也有机会为《做好艺术》做设计，正好也可以作为401字体的终极任务来完成：你如何设计和设定文字，让它们看起来就像它们要传达的内容那样。或者更确切地说，如何让阅读这本书成为一种独一无二的体验，从而与观看他的演讲产生区别（也就是说，任何人都可以免费在网上看，而且收看次数已超过百万）。这个字体项目对我而言是一个至关重要的转折点，其过程不亚于整本书的制作。对于这些已经看过的内容，读者是否愿意重新在纸上看一遍？在YouTube上看过就可以了，还是希望它经过精心设计和排版，以更加生动的形式呈现在书页上。总之，你需要我用视觉化的形式再现它吗？我不尝试一下是不会知道结果的，所以我要全力以赴（见对页和下页）。

好吧，说下那个"在埃斯纳颁奖现场接吻"的事。当时有点下意识的，在那之前一晚我们在2013圣地亚哥动漫展一起吃晚饭，喜剧演员乔纳森·罗斯（Jonathan Ross）想在埃斯纳颁奖现场亲吻尼尔，但是盖曼先生拒绝了。到了颁奖当晚，我替克里斯·韦尔（Chris Ware）的《建造故事》（*Building Stories*）上台领奖，大概有五个奖项。他赢了全部五个奖，接下来是当晚的重头戏，颁给最佳原创画册，相当于奥斯卡最佳影片。然后尼尔出现了。

我当时是接受的，那么干吗不试一下？

我被位于纽约的文化机构92nd Street Y邀请参访尼尔关于睡魔的20周年纪念（下图）。作为粉丝我很激动，而且几周前我在我

的网站上让其他粉丝把想问的问题与在上面。其中最有意思的一条是："让他模仿威廉·夏特纳（William Shatner）和哈兰·艾里森（Harlan Ellison），因为他们很有趣。"为了不负众望，我最后把这个问题抛了出来，他似乎很高兴，而且模仿得非常到位，他还给他们分别配了搞笑的台词。之后采访的内容转向了他为DC公司创作的蝙蝠侠系列（#686 & #853），我完全沉醉其中。随后我们开始畅聊蝙蝠侠，我也因此创作了一本蝙蝠侠的漫画（详见296~314页）。

A　这种类型的字体故事书可以在刘易斯·卡罗尔（Lewis Carroll，他是尼尔最喜欢的作家之一）的作品中见到，并且可以追溯到20世纪初期达达主义推崇的有形诗和俄国构成主义运动风潮。

In May 2012, bestselling author Neil Gaiman stood at a podium at Philadelphia's University of the Arts to deliver the commencement address. For the next nineteen minutes he shared his thoughts about creativity, bravery, and strength; he encouraged the students before him to break rules and think outside the box. Most of all, he urged the fledging painters, musicians, writers, and dreamers to MAKE GOOD ART. This book, designed by renowned graphic artist Chip Kidd, contains the full text of Gaiman's inspiring speech. Whether bestowed upon a young artist beginning his or her creative journey, or given as a token of gratitude to an admired mentor, or acquired as a gift to oneself, this volume is a fitting offering for anyone who strives to MAKE GOOD ART.

This book
is for anybody
who is
　looking around　　　　and thinking

NOW
WHAT?

17 May 2012

"I never really expected to find myself giving advice to people graduating from an establishment of higher education. I never graduated from any such establishment. I never even started at one. I **escaped** from

school

as soon as I could, when the prospect of

four

more

years

of

enforced learning before I'd become the writer I wanted to be was stifling.

never did. The nearest thing I had was a list I made when I was 15 of everything I wanted to do:

to write an adult novel,

a children's book,

a comic,

a movie,

record an audiobook,

write an episode of Doctor Who

...and so on.

I just did the next thing on the list.

I DIDN'T HAVE A CAREER.

So I thought I'd tell you

everything I wish I'd known

starting out, and a few things that,

looking back on it, I suppose that I did

know. And that I would also give you

the best piece of advice I'd ever got,

which I completely

failed to

follow.

...t out into the world, I wrote, and I became a better writer the more I wrote, and I wrote some more, and nobody ever seemed to mind that I was making it up as I went along, they just read what I wrote and they paid for it, **or they didn't**, and often they commissioned me to write something else for them.

Which has left me with a healthy respect and fondness for higher education that those of my friends and family, **WHO ATTENDED UNIVERSITIES,** were cured of long ago.

Looking back, I've had a remarkable ride. I'm not sure I can call it a **CAREER**, because a **CAREER** implies that I had some kind of **CAREER** plan, and I

→
→
→

1irst of all: ...n you start out on a career in the arts you have no idea what you are doing.

THIS IS GREAT. PEOPLE WHO *You do not.* know what they are doing know the rules, and know what is possible and impossible.

AND YOU SHOULD NOT.

The rules on what is possible and impossible in the arts were made by people who had not tested the bounds of the possible by going beyond them.

AND YOU CAN.

A 在《今日美国》(*USA Today*) 上发布的新书预告。封面是我拼凑起来占位置的。

B 《今日美国》网站上放出的书本内容预告。

Kidd covers design, murder in 'Learners'

Though Chip Kidd may be best known for his book covers — his designs have graced titles by David Sedaris, Michael Crichton and hundreds of other authors — occasionally he likes to work between them.

Kidd's new piece of fiction, *The Learners*, makes its debut today as part of USATODAY.com's Open Book series. A new chapter of his exclusive, seven-part novella will be published online each Thursday at open book.usatoday.com.

The Learners serves as a sequel of sorts to Kidd's first novel, 2001's *The Cheese Monkeys* (Perennial, $13.95). Set in the early 1960s, *The Learners* follows a young graphic designer who decides to answer the first newspaper ad he creates.

What follows is "a murder mystery about a killing that may never have taken place," Kidd says.

Not only does Kidd draw on his graphic-design background for the narrative, but he also incorporates it into the text. Typography plays a crucial role in *The Learners*; font size and design pull readers into the action.

A few lessons from Kidd's college psychology classes also are thrown in: A central character in *The Learners* is real-life social psychologist Stanley Milgram, whose experiments during the 1960s still incite controversy.

Kidd plans to expand his novella into a full-length book, tentatively set for release in 2006.

"This really is the story I've been wanting to tell all along," says the author, who took a month-long break from his design job at Knopf to write *The Learners* at Bogliasco, Italy's Liguria Study Center.

Kidd also is working with book publisher Rizzoli to develop "a definitive coffee table book" of his designs. He also is an editor at large for Pantheon's graphic novels division. And then, of course, there are more book covers: "Designing is so rewarding in a way that writing isn't."

Look for Kidd's work on titles by Augusten Burroughs and John Updike in coming months — and, a couple years from now, on Kidd's next novel.

Read the first chapter of *The Learners* at open book.usatoday.com

By Whitney Matheson

For more reviews, book news and a searchable archive of USA TODAY's Best-Selling Books list, visit us on the Web at books.usatoday.com.

About this list

USA TODAY calculates a list of 300 best-selling books. The first 50 are listed [...] A TODAY's list is based on a computer analysis of [...] week. Included are more than 1.5 mill[ion ...] [in]dependent, chain, discount [...]

"Q: And babies?
A: And babies."
— THE NEW YORK TIMES,
Nov. 25, 1969

CHAPTER 1

AND NOW A WORD FROM OUR SPONSOR.

Sorry to interrupt, but something just occurred to me, something helpful: If you're anything like me, the very first time you murder someone is always the hardest. The most difficult to accept, to absorb, to understand. And I was thinking, just now, that it probably gets easier with practice. Look at Bonnie and Clyde — after that bank teller in Tuskarora (*so* uncooperative) it just didn't matter anymore. I mean, by the third or the fourth or the 10th, you're most likely not brooding over the first, because by then (logic tells us) you have a lot more on your mind. Heck, by then you've evolved into a whole other species, right?

But I never had a third or a fourth, see. Or even a second. It was just the one. Which is probably why things went the way they did.

And yes, I think we all, whether or not we admit it (or realize it), are well versed in the daily, casual torture of those around us — strangers, loved ones, waiters, the elderly — to every degree of discomfort. But that's one thing. Taking a life is another. Actual, physical killing. Now *that's* shocking.

At least it was to me.

. . .

In the spring of 1961 I was ready. After four years of studying graphic design at State U., I had my portfolio in hand and one goal — to work at the advertising agency of Spear, Rakoff & Ware. Why? Easy: That's where my idol Winter Sorbeck started, long ago. Now, of course Winter is a whole other story, but suffice it to say that if S, R & W was good enough for him, then for me it was mandatory. Winter had been my freshman design teacher, and though he left the school soon after that — vanished, actually — I learned enough from him to know I wanted to *be* him. Without the psychosis.

Spear, Rakoff & Ware was located in New Haven, Conn., a place I'd never been. I knew it was the home of Yale University, but other than that it might as well have been on Pluto. This would take some doing.

"Could I have the art department, please?" I've come to realize I don't possess many virtues, but Focus is one of them. Once I know I want something, something big, then I construct a plan and follow it through 'til it's either finally mine or outlawed by the sciences. That is, after all, what designers do, isn't it? Step 1: Look up information, phone.

"Who's calling, please?" I asked if Mr. Milburn "Sketchy" Spear was still the head art director. A heavy sigh, then: "Hold please."

Finally, "Spear." It was him! I explained my intentions. The years had not changed his enthusiasm.

"Oh, you don't want to work here." The voice: experienced, kind and exhausted. Santa Claus on the afternoon of Dec. 25.

"Um, yes, I do."
"Really?"
"Yes, sir."
Silence.
"Hello?"

"Sorry, I'm inking. Mind's a porch screen when I'm inking. I'm trying to do a crowd scene with a No. 5 Pedigree pen tip. Should be using a Radio 914. Doesn't really matter — can't draw anymore anyway, never could. God, I *stink*. Wouldn't you rather work someplace else?"

Hmmm. "No, sir, I'd like to work for your firm. You know, to sort of get my feet wet." Dreadful. Why did I say that?

"Heh." He sounded like a lawnmower trying to start. "Heh. That's what I thought. I mean, that's what *I* thought when I started here. You know when that was?"

"No. I – "
"You know dirt?"
"Dirt?"
"Dirt."
"Um, yes. Dirt."
"Well, I started here the year before they discovered it."
"I see."
"Heh."
"At least ... it must have been spotless when you arrived."
"Heh-heh. Can you airbrush?"
"Yes, but – "
"Operate a photostat machine?"
"Well, I – "
"Do you know what I'm doing right now?"
"Uh, drawing a crowd scene with a ... No. 5 Pedigree pen tip?"

"No, that's done. Now I'm trying to decide what kind of face the potato chip should have. That's always a problem. Problems, problems."

"Pardon?"

"For this newspaper ad. A half-pager, due by five. Everyone signed off on it yesterday — the crowd, see, they've all filed out into the street to worship a giant potato chip."

"I see."
"Because it's a Krinkle Kut. One of our biggest accounts."
"Right."

"Six stories tall." His tone was casually conversational, as if he was describing his brother-in-law. "So, exactly what sort of expression should he have on his face? Because obviously, he's a very happy potato chip, to be a Krinkly Kolossus, and in the thrall of all these tiny people, who adore him so."

"Well ... it's obvious to me."
"That right?"
"He should look ***chipper***."
"Heh."

"So to speak. But not so smug. He doesn't want to frighten everyone. I mean, *I'd* be wary of a jagged slab of tuber towering over my fellow citizens, our fate in his many, many eyes. Especially if he's been fried in lard. Which he has, I hope?"

"Heh. You still want to work here?"

"Definitely."

需要你继续实验

当《奶酪猴子》(*The Cheese Monkeys*)于2001年秋季推出的时候,我正在参加书籍巡展,在问答环节中被问到的第一个问题是"为什么设定在1957年?"真正的答案是:"因为它的续集《学习者》(*The Learners*)将会发生在1961年,所以我往前推了四年。"当然这对除我以外的其他人而言没什么实际意义,而且现在宣布还为时尚早。所以我是这样回答的:"我喜欢用这个时段配合这本书的主题,因为那时正好是波普艺术出现的前夕,一切还尚且处于混沌中。我当时在宾夕法尼亚州是20世纪80年代,跟50年代末期的差别不是很大。"这是毋庸置疑的,但在某种程度上,它不是故事的全部。

1983年,我在宾夕法尼亚州上学的时候第一次接触到斯坦利·米尔格兰姆(Stanley Milgram)在1961年提出的"权利服从研究实验",我当时对这个实验很感兴趣。在米尔格兰姆27岁的时候曾天才般设想如何在实验室中重构20世纪30年代末的纳粹德国,然后量化学习其中的可能性。他在当地纽黑文市的报纸上有偿征集关于"学习和记忆"实验的志愿者。如果有人回应并愿意参与,他们会与另外一名志愿者一起被带到实验室,然后他们两人被告知要抽签决定谁是学习者,谁是教导者。此时研究人员也会告诉他们实验过程不光是关于学习和记忆,其中还涉及惩罚。扮演学习者的志愿者会坐在墙的另一边,教导者则会听到他的声音却看不到真人。学习者的胳膊会被装上仪器和实验装置,教导者可以让学习者感受到从5伏特到500伏特的电击。实验中,教导者会通过麦克风对墙另一边的学习者朗读一些单词配对:"x,x;x,x;x,x。"然后他会回到第一个单词,学习者则需要通过仪器上的电子开关选择哪个是第二个单词。学习者如果答对了,实验继续;如果答错了,教导者将会电击学习者。每答错一次,电击伏特会上升。每个参与者都已知晓电击很痛苦但不会致命。整个过程都被耶鲁大学心理学实验室的研究人员和权威的学术人士观察记录。

C 订正修改,订正修改,订正修改。

C

我的想法是你将会在实验过程中看到我的角色（名字叫Happy），并且彻底吓坏了。我早就知道查尔斯·伯恩斯（Charles Burns）是这幅画的最完美选择，他也表示非常乐意。

整个实验其实是针对一个人的测试，即扮演着"教导者"角色的外部人员，测试他在"教导"学习者的过程中怎样使用电击装置。另一位志愿者则是安排好的，他负责扮演学习者的角色以便完成实验。他是一个温柔的人，50岁过后心脏不太好，而且一直担心那些电击。实验室的研究人员"安抚"他说耶鲁大学会为所有发生的事情负责，并反复强调那些电击"痛苦却不致命"。不管这些信息是否对参与者有所影响，实验就这样开始了。一开始学习者答对了问题，但随后就出错了。教导者则开始操作电击按钮调整强度，直到学习者给出正确答案。但是他并没有停止，问的问题也变成了教导者随心所欲地改变电击强度的工具。这个项目差点被扼杀在摇篮中，因为这个实验需要米尔格兰姆的导师批准并提供资金帮助，可他并不相信会有人通过测试。但米尔格兰姆成功说服了他的导师，经过三年时间，数百位参与者和多重控制（包括把实验转移到校外以去除耶鲁大学对实验的影响因素），共有60%的参与者将电击强度升到了最高，理论上是可以杀死学习者的。这不禁让人想起纳粹在战争罪行审判中的辩护——"我不过是奉命行事。"但整个实验最让我着迷的是它有着如此巧妙的设计，让我专门想为此写一本小说。

A　糟糕却有效的自拍照，它可以告诉查尔斯我希望如何被呈现在封面上，并且把我的眼镜给他作参考，特别是镜框与镜腿的连接处。

B　我画的示意图以及一些文字参考，为我的画工感到抱歉。对于查尔斯这样的大师级画家，这似乎不是很必要，但我觉得在我的工作中信息多总比没有好，而且也没有多到让你想丢下这个项目。

C 查尔斯画的铅笔稿。真棒!

D 克里斯·韦尔为标题创作的手写体文字。

C
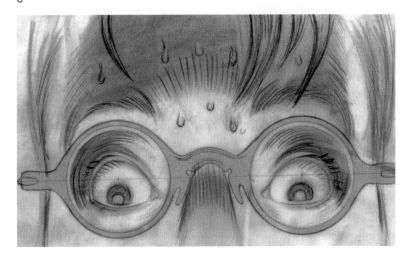

D

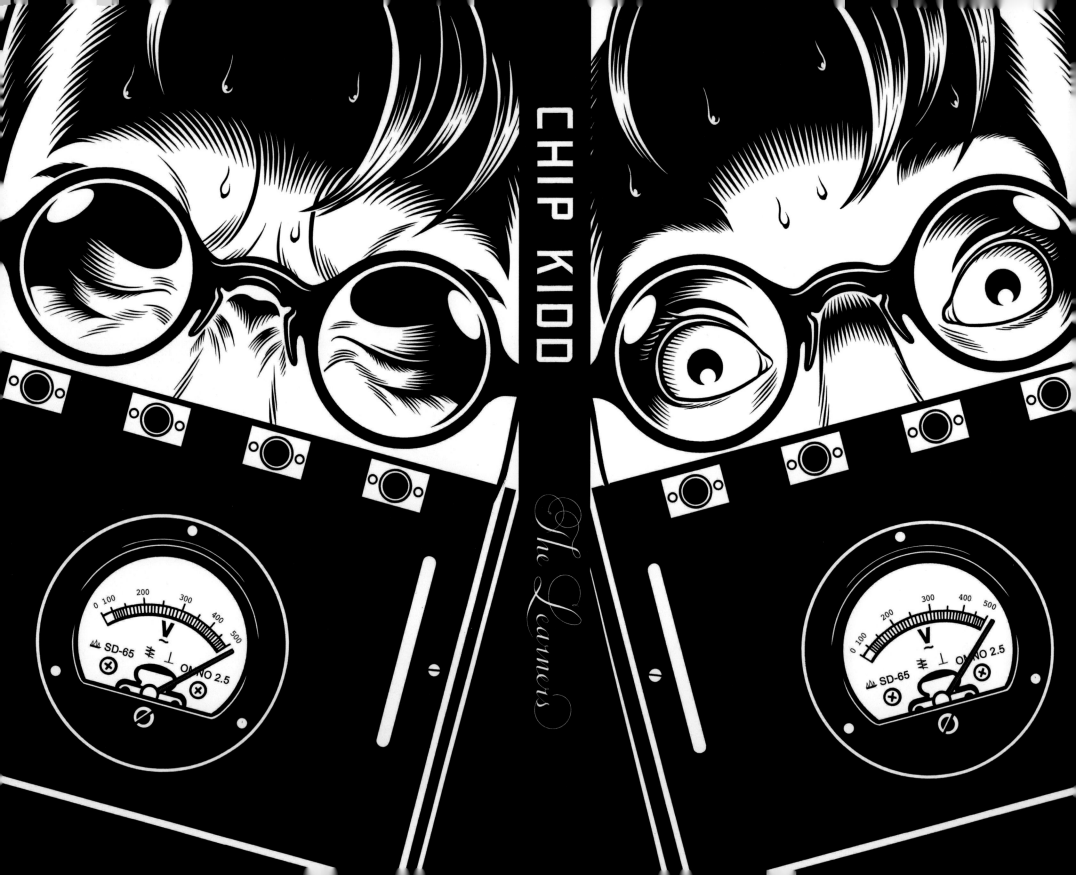
CHIP KIDD
The Learners

如果把这些写成《奶酪猴子》的续集会怎么样？因为Happy（《奶酪猴子》的叙述者，基本上是我的原型）现在已经从U州毕业（1961），取得平面设计学位，并在广告代理公司Spear, Rakoff and Ware（译注：作者杜撰的公司，名字分别来自他的三位好友）获得一个比较初级的职位。他的第一个任务是为《纽黑文记事报》（*New Haven Register*）编排一个广告。至于顾客，当然是斯坦利·米尔格兰姆教授。我仔细思考过很长一段时间关于我在实验过程中可能做出什么事，老实说我可能会按照指示完成实验。我的理解是，无论有多大压力，设计师的思想就是体验完整的过程然后看到其中的问题。改变这种情况的唯一途径是米尔格兰姆安排他退出实验，但Happy可不是一个半途而废的人。他经历的这一切对他有着巨大的影响，并在书的后三分之一戏剧化地展现出来（至少我希望如此）。

A   《学习者》封面和书脊的印刷打样，呈现出查尔斯精心绘制的脸部以及电击装置的伏特表。

B   平装本的变体。克里斯想重新绘制标题字体，我也保持基本设计，但改变了颜色。HarperPerennial出版社，2009。

C   书籍成品，倾斜的书皮有点像"张口器"。斯克里布纳出版社（Scribner），2008。

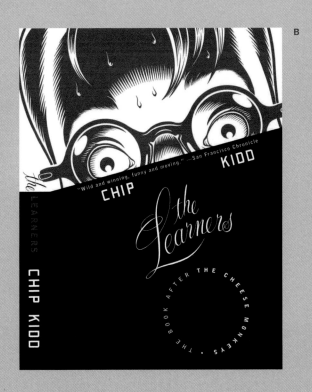

A	克诺夫出版社，2007。
B	克诺夫出版社，2010。

A

存在与虚无

我在职业生涯的初期就为大卫·希尔兹（David Shields）设计封面了，他第一本散文集《遥远》（*Remote*）的封面就是我设计的。在《关于生命的事，早晚有一天你会死》（*The Thing about Life Is That One Day You'll Be Dead*）一书中，他深入讨论了人意识到死亡意味着什么这一值得深思的问题。我的想法是让这个标题出现在幸运饼干里（对页左图），对我而言这似乎是很自然的设计，但有点太过平淡。后来我尝试把这个概念用于大卫·赛得里斯（David Sedaris）的作品（见91页），结果是一样的。按照温特·索贝克（Winter Sorbeck）在《奶酪猴子》里的建议，我太过喜爱这个灵感，因此需要打破这道屏障。

最终的封面是直接使用文字表述，搭配清新的天蓝色背景，直截了当地呈现标题（对页右图）。

《现实的饥饿》（*Reality Hunger*）是另外一个不同的项目。就像安排好的那样，这本书的确是一个宣言——关于艺术的本质以及小说和非虚构小说之间的模糊界限。这些正面的先行评论非常丰富，而且很直观，因此我想把它们用在封面背景上。

B

极富启发性的书稿

关于书的书是它们独有的体裁,一如既往地充满深刻思想而不流于平庸。对于《文学如何救了我的命》(*How Literature Saved My Life*)这本书,我想尝试用真人来呈现这个情景(这可能会非常复杂),但是摄影师乔夫·斯佩尔的建议是使用塑料模型(左图)来模拟,事实证明的确很有效。此外,类似的灵感应该让它们看起来很有意思而不是很骇人。如果距离死亡边缘几英寸是真人,我想这可能会曲解作者的本意——文学在哲学层面上拯救了他而不是在物理维度上。与此同时,你会怎样呈现它呢?这个灵感把作者的意图体现得恰到好处。

A 克诺夫出版社,2013。

B 我最初的灵感,由乔夫拍摄,它把书当成光源,同时生成一个镜像,看起来就像眼睛。色彩丰富又充满乐趣。可是后来我们内部决定采用与前一本书一致的设计,上本书由卡罗·迪瓦恩(Carol Devine,克诺夫出版社的艺术副总监,有着无限的耐心,也是我的老板)设计。这就是我最终的设计。

A
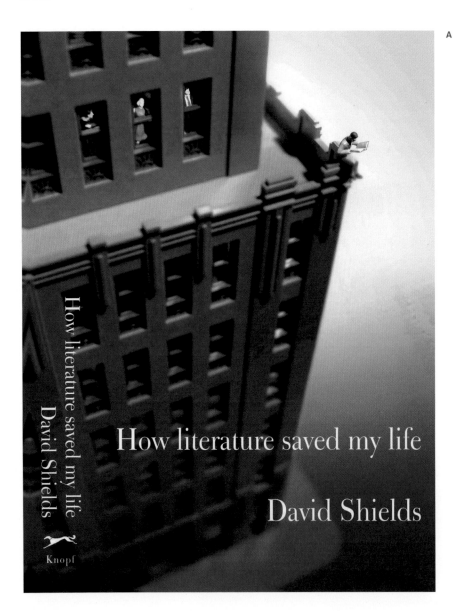

B

威尔·施瓦尔贝（Will Schwalbe）所著的《生命最后的读书会》（The End of Your Life Book Club）是一本悲伤、精妙又不同寻常的畅销书。这是他身患绝症的母亲和他一起阅读的书单回忆录，与大卫·希尔兹的书有着类似的主题，但表达方式又完全不同。他接下来的一本书《为生命而阅读》（Books for Living）与之前那本就像阴阳一样互补，这本书的内容是关于一系列影响他人生的书籍的思考。

C 克诺夫出版社，2016。
D "水洼中反射出城市"的灵感用在了《一只引导我的手》（A Hand Reached Down to Guide Me）的封面上，而不是用于《大反转》（The Great Inversion，见121页）。

C

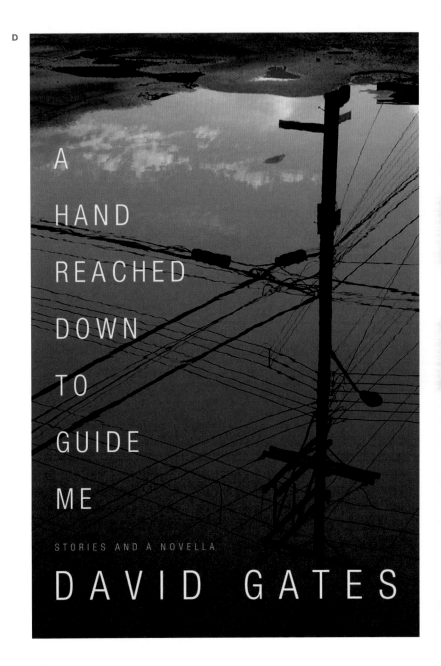

D

华丽辞藻

我也许跟杰伊·麦金纳尼（Jay McInerney）一样喜欢葡萄酒，只是不知道如何把它写出来。几杯酒过后，我几乎无法写出自己的名字。他品酒的样子就像那些酒一样令人陶醉，我也很喜欢为他的红酒评论设计封面，并在视觉上呈现出甘甜的美感。第一个设计是为《地窖里的享乐主义》（*A Hedonist in the Cellar*）而作，我以旧时巴黎餐厅的菜单为设计灵感，这些传统的餐厅从不更换菜单。不单是因为他们的菜谱从来不变，很大程度上还因为菜单上的红酒污渍是菜品美味的最好证明。

对于他的另一本书《果汁》（*The Juice*），我想以更真实的"晚餐体验"为画面内容呈现给大家，后来我看到一位巴黎服务生一只手上拿了很多红酒杯。我构想出一个很符合主题的画面[右上图，由拉夫·吉布森（Ralph Gibson）拍摄]。但是杰伊指出这些杯子其实是喝香槟时用的酒杯，而不是喝红酒用的。所以我们需要重新调整一下画面。由于我们的预算一直有限，所以我成了模特（右下图），由乔夫·斯佩尔拍摄，但是杰伊想让画面更具张力，于是他问我们是否可以让服务生穿着无袖背心并且在肩膀上有个文身。我没有文身而且以后也不会有，不过好在有人发明了Photoshop。

A 克诺夫出版社，2012。
乔夫·斯佩尔拍摄。

B 克诺夫出版社，2006。
同样是乔夫拍摄，呈现一如既往的细腻纹理。

A
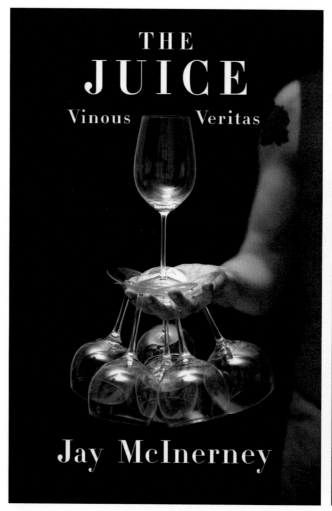
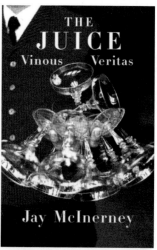
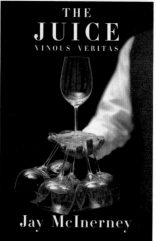

ACCLAIM FOR
Bacchus & Me

"y has become the best wine writer in America."
—*Salon*

"y's wine judgments are sound, his anecdotes witty,
literary references impeccable. Not many wine
 good reads; this one is." —*The New York Times*

"ng a menu at a great restaurant, *Bacchus and Me*
with small courses and surprising and exotic fla-
cational and delicious at the same time . . . I'll
se for the holidays." —Mario Batali

"ity, buttery world of wine writing, there's nothing
t." —*The Atlanta Journal-Constitution*

"prisoners approach in musing over the pleasures
ape." —*The Miami Herald*

"is book is like eating sushi or tapas—there is
 bite there, but what a mouthful of flavor."
—*Richmond Times-Dispatch*

"tunate that Jay McInerney has chosen to shower
ense gifts on a new source of pleasure: the grape.
hus and Me*, his informed, conversational tone
e reader on a whirlwind tour of the wine world.
ry companion who is clearly at home with and
 the subject." —Danny Meyer

ISBN 1-4000-4482-0

COOKING

52400

9 781400 044825

A HEDONIST IN THE CELLAR

Jay McInerney

A Hedonist in the Cellar

ADVENTURES IN WINE

Jay McInerney

"[He] provides some of the finest writing on the subject
of wine . . . Brilliant, witty, comical, and often shame-
lessly provocative." —Robert M. Parker, Jr.

Knopf

《他们是怎样玩完的》（*How It Ended*）完成于杰伊的两本关于红酒的书之间。书里收录了许多短篇故事，充分展现了他的才华和他在纽约上层社会风月场的特殊身份。多年以来，我一直想把罗伯特·隆哥（Robert Longo）的摄影作品《城市中的人们》（*Men in the Cities*）与杰伊的书结合起来，最终的组合效果看起来很不错（右图）。可是艺术家的经纪人不允许这样。换个想法：我尝试了左边的灵感，但是杰伊觉得这个封面可能看起来像他的另一本关于葡萄酒的书。好吧。我把目光朝向了纽约派对摄影师帕特里克·麦克马伦（Patrick McMullan）。显然这才是正确的选择（对页图：克诺夫出版社，2009）。一开始我不确定我究竟想要什么样的画面，但是当我发现它时，我意识到就是它了。封面中靠上的图片是一个模特上场前的T台秀。下面的照片，大概是宿醉后的"车祸现场"。

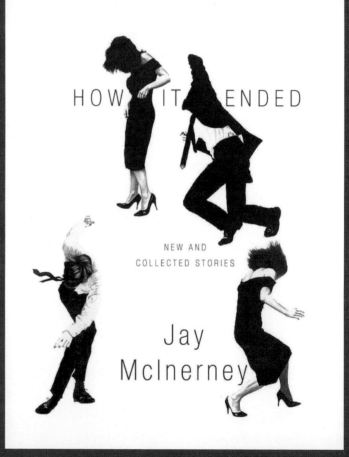

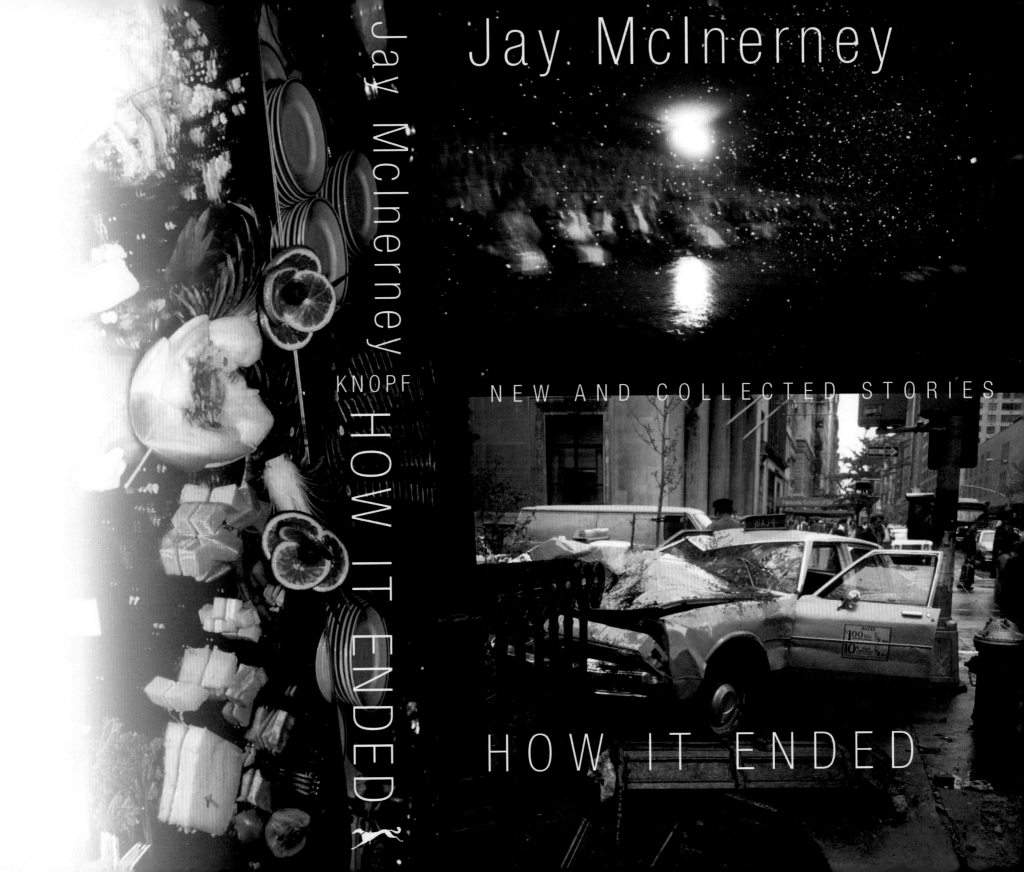

光年

《明媚珍贵的时光》(*Bright, Precious Days*)是杰伊创作的三部曲小说中的第三本,这部三部曲小说讲述了一对生活在纽约城的情侣科琳(Corrine)和拉塞尔·卡罗维(Russell Calloway)的故事。第一部是《光明坠落》(*Brightness Falls*)。第二部是《美好生活》(*The Good Life*),这部小说创造了一种菲兹杰拉德式的现代曼哈顿生活肖像,包括"9·11事件"的前后。对于这本书的封面设计(右图),我决定把舞台设定在犯罪现场,比如杰伊惊艳亮相的第一部作品——《如此灿烂,这个城市》(*Bright Lights, Big City*)就符合这种临街店铺的画面设定。我在特里贝卡街上的Odeon餐厅前面拍了这张照片,包括纪念"9·11"恐怖袭击的这座"光之塔"[由摄影师特里·桑德斯(Terry Sanders)创作]。杰伊对这个画面持有保留意见,严格来说,这部三部曲小说跟他的处女作关系不大,我也对此表示理解。但是科琳和拉塞尔生活在这个区域,所以我认为还是很合适的,而且整本书的基调也跟那次恐怖袭击有关。最终杰伊同意了我的方案。

A
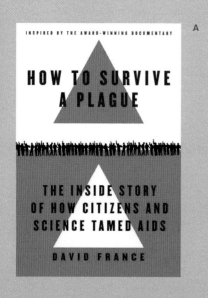

B
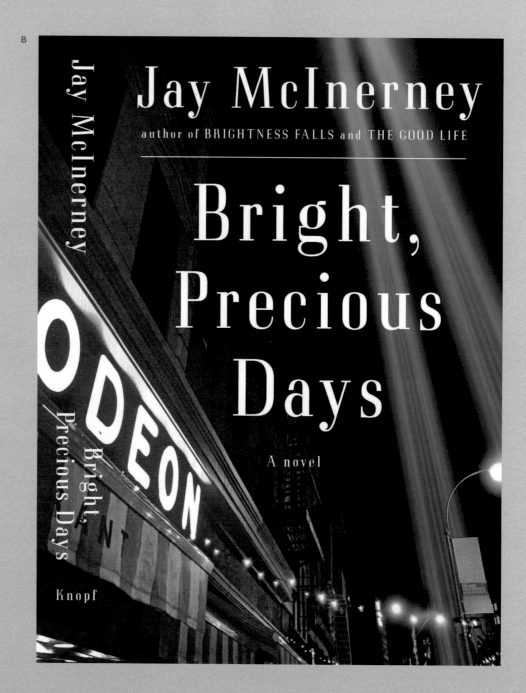

大卫·弗朗斯（David France）的纪录片《瘟疫求生指南》（*How to Survive a Plague*）是关于恐怖的艾滋病灾难最恰当的记述。2016年他最后一次调整小说版，希望能重新编排画面。我最初的想法是模仿ACT UP（全称：AIDS Coalition to Unleash Power，艾滋病人联合起来发挥力量）海报，就像20世纪80年代末我刚到纽约城那样随处可见的海报（对页左图），但它并没有充分地传达人道精神。一组1992年"同志"骄傲大游行期间在第五大道"拟死示威"的照片却足以胜任（下图）。我现在还记得我曾参与过一次，大家不约而同地沉默不语。我们一动不动地在大街上躺了大约五分钟（这五分钟慢得像一辈子），紧接着从市中心方向传来此起彼伏充满挑衅的喊叫声，点燃并包围了我们。这一切自然顺畅又令人震惊，在那一瞬间我们仿佛醍醐灌顶。

A 克诺夫出版社，2016。
B 同上。
C 同上。
D 从Hüsker Dü乐队初次亮相，也就是我上大学的时候就是鲍勃·默德（Bob Mould）的粉丝。这是他回忆录的封面。纳博科夫（Nbokov）所著《劳拉的原型》（*The Original of Laura*）的白色渐变版本（见185页）。利特尔&布朗出版社（Little, Brown），2011。

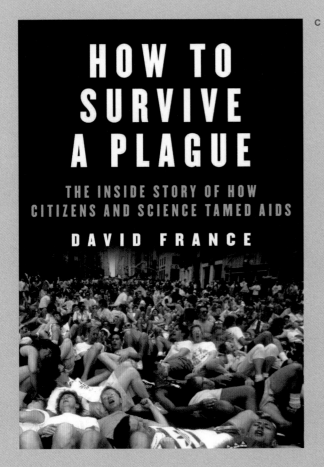

047

哈拉面包如果你需要我们

《犹太警察工会》（*The Yiddish Policemen's Union*）是一本颇具说服力的小说，看了50页后，它不禁让我陷入思考。"我从没想过战后在阿拉斯加的锡特卡有这样一块至关重要的传统犹太人飞地。"当然实际上它并不存在，而是迈克尔·夏邦（Michael Chabon）创造了它，而你对此深信不疑。当一桩凶杀案发生在这个悲伤的社会中，出身于当地社区的萨姆·斯佩德（Sam Spade）决定自己调查，在这样一个封闭缄默的环境中，调查难度可想而知。整个故事毫无疑问地引人入胜。迈克尔想让我设计封面，而我终于满怀欣喜地等到了与他合作的机会。我倾向于带有大卫王之星的警徽的概念，这样可以很好地暗示文中内容。这是仅有的几个我自己绘制的封面[见《奥兰达》（*The Orenda*），190页]。

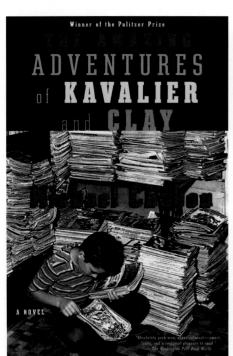
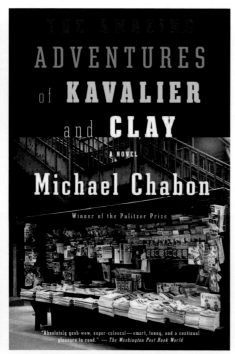

A

A 迈克尔也让我给他获普利策奖的新书——《卡瓦利与克雷的神奇冒险》(The Amazing Adventures of Kavalier and Clay) 提出一些设计灵感,我的想法是用20世纪40年代早期书报摊和漫画杂志的照片。同样,这个想法也没有通过(再次感谢哈珀柯林斯出版社!),"因为这个画面看起来一点不像小说封面"。唉,真该死。这个故事在现实世界中应该是有趣味的,所以我觉得我选择的画面符合这一目的。好吧,到目前为止,我还不能让"查邦镇"的人抓到。不过说真的,我尊敬他和他的工作,希望有一天可以实现。

B 我按照我理解的弗兰克·米勒(Frank Miller)式的绘画方式设计封面,迈克尔很喜欢。可惜哈珀柯林斯出版社并不这么认为,他们觉得这样看上去太像一本漫画了。(啧!)

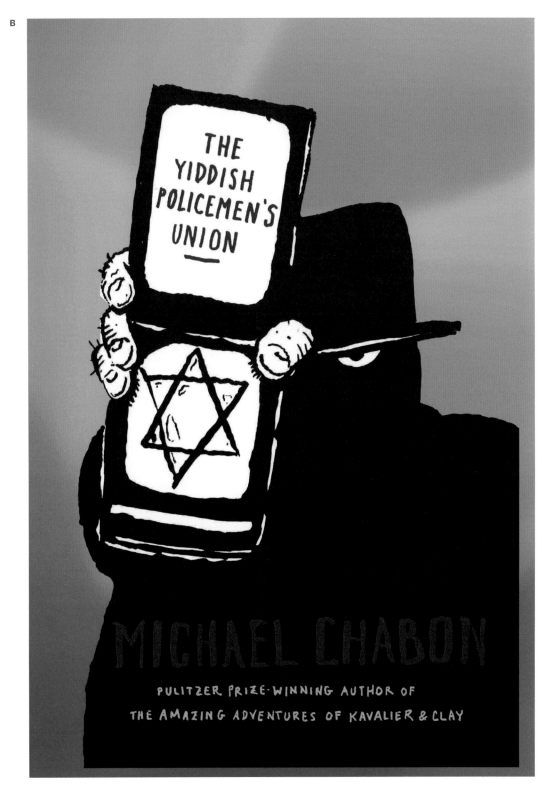

城镇边缘的黑暗

马丁·艾米斯（Martin Amis）所著的《第二架飞机》（*The Second Plane*）以"9·11事件"为出发点，当第二架飞机撞上另一座世贸大楼的时候，就已表明在这个稀松平常的早上，一个精心谋划的恐怖袭击发生了。我开始搜索，然后从一个授权照片代理网站上找到一组非常惊人的照片（本页图），照片描绘的是人们在那个早上的日常生活，那时他们并不知道发生了什么。我认为这些照片完美地传达了艾米斯的想法。然而这些照片并没有可供选择的模式，它们的尺寸也不是我想要的，所以我无法使用他们。（他们为什么要把这些照片放到照片授权网站上？我完全不能理解。）

然后我求助于我那才华横溢的同事彼得·门德尔桑德（Peter Mendelsund），让他帮我重新寻找合适的概念，我们定稿的设计如对页图所示（克诺夫出版社，2008）。它在视觉上和概念上都有不错的表现，更重要的是它可以把读者直接引入事件中，即使读者无法立马明白目前的处境。最终它将引到那无比悲痛和心碎的终局。

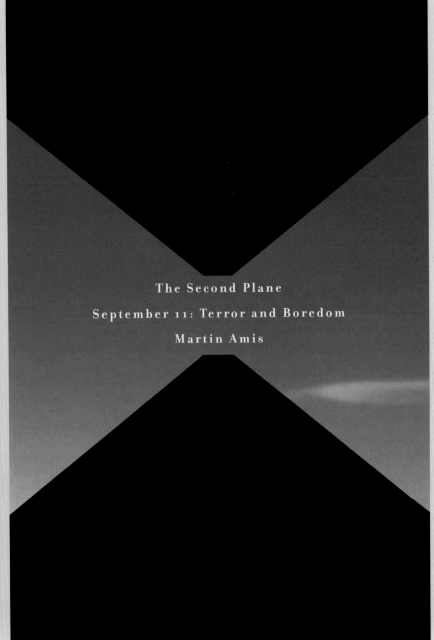

设计和再设计

先有了平面设计，然后才有图像设计。我自认为我很幸运地以后者为生，即图像设计。也就是说，我的工作不仅是平面设计，更多的是创造神秘感，暗示在画面中蕴含的无限可能性。

就我而言是书籍封面设计，我已投入其中超过23年。经常有人问我是否有"模板"或现成的造型方案可供使用，当然没有。但我始终坚持一个简单的原则，无论我要设计什么类型的书，那就是一个好的书籍封面应该让潜在读者获得想要阅读的欲望。就是这样。

说实话，我已经发现做一些看起来奇怪的设计就是最好的方法之一。这个奇怪的设计能引起读者的兴趣是比较理想的状态，但如果是"哦天哪，你的左胸是你的右胸的三倍大"就糟糕了。好的封面设计不仅要获得你的注意力，还要让你产生浓厚的兴趣去进一步了解这本书，然后结账买单。

好了，这就是后者，图像设计。但这不是本章主要讨论的内容，这回我们聊聊前者。

平面设计，就像我们在学校里给它定义的那样，是有目的性地编排和构建。我们现在讨论的是你日常生活中用得到的，因此它必须足够清晰、简洁、直接。瞬间闪过我头脑中的一个例子就是停止指示牌。即使你不识字你也可以清楚地知道它的作用。这个指示牌中完全没有多余的信息。(在此基础上更进一步，横置在马路上的车辆减速装置是一个更有效率的设计，它明确地让驾驶员减缓速度，说到这有点跑题了。)

人类社会里的所有事物可以说都是由人类设计的，但你还是可以随时看到这些粗糙强硬的设计被安排在各个地方。以美国国家铁路客运公司（Amtrak）为例。其实说真的，我喜欢美国国铁。

但是看看他们的实际应用。在这里，我要大胆地指出，没有一张火车票需要神秘和奇怪的元素。但这就是美国国铁提供给我们的。

假如说你是我，你正在坐火车从一个地方前往另一个地方。看一下另一页上方的实际车票，看看你能不能搞清楚这些：

1. 你离开的具体时间和日期。

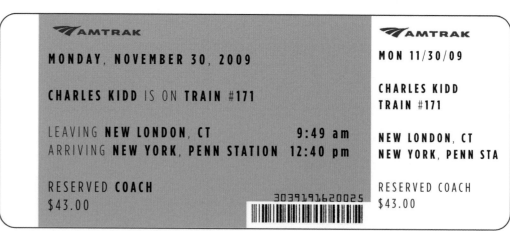

2. 你离开的地点。

3. 你的目的地。

4. 你的预计到达时间。

5. 这趟列车的ID编号。

这些并不是无关紧要的信息，而且看一眼车票也不能马上掌握它们，但我应该了解这些基本信息。我经常搭乘美国国铁运营的火车，平均每周一次，可以说很容易就搞混车次。当他们2000年推出阿西乐（Acela）特快的时候，我这个曼哈顿人高兴极了，因为我再也不用飞到波士顿、费城、巴尔的摩或者华盛顿了。我对此心怀感激。

当美国国铁让你在网上订票的时候，他们却不让你把车票打印出来（就像航空公司那样），这只是麻烦的开始。你不得不找一台像ATM机那样的取票机（但愿不是取票柜台，有的时候是）去打印车票。打印成功后，看看你印出来了什么。我经常站在宾夕法尼亚车站（另一个设计界的灾难）的中央被发车时间显示牌上跳跃的数字吓傻，然后我拿出车票确认乘车信息，每次这样做都像在玩数独游戏那样复杂。在我看来，旅行就是给旅行者制造了一系列的不确定因素，而且什么时候发生什么事，什么时候需要什么东西也都有很多不确定性。（咳。火车经常晚点。）

所以我认为这个车票需要重新设计。它需要尽可能地简明扼要，确保信息准确无误。我的意思不是要美化它，我想让它更有效地起到车票的作用——清晰简单地标明乘车信息，并马上使用数码喷绘打印出来。

我尝试把原版车票中的所有信息提取出来，减去多余的内容让它看起来没有那么多官方的繁文缛节，虽然不太可能避免（但本应如此）。即使你无法摆脱这些，你也应该让它看起来更有条理。

所以美国国铁，"简化"应该是你们的下一站点。

后记： 这篇文章发表以后（我很肯定不是因为这篇文章），美国国铁就更换了他们的系统，现在你可以把车票下载到你的智能手机上了（就像其他公司一样，但这可花了不少时间），你也会获得一枚二维码以供检票员扫描。你也可以自助打印车票，而且操作简单。我第二次在TED演讲中讨论了公共交通设施的明确性，那次演讲我扩充了整个概念（见285页）。

A 早期给大卫·雷姆尼克的文集《报告》(Reporting)设计的封面。我想让它传达"先调查，再发声"的概念，但这本书是关于写作的，而不是通过扩音器大喊。

B 第二次尝试，这回使用了电子邮件的视觉形式。

C 最终的封面设计，灵感源自20世纪20年代和30年代意大利未来主义风格的宣传单，以文字做背景，在上面印刷了红色的标题等信息。克诺夫出版社，2006。

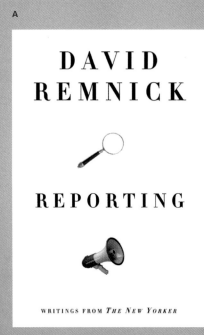

A

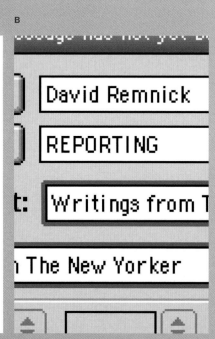

B

穿过那座桥

大卫·雷姆尼克(David Remnick)是个了不起的人,他是这个国家最受尊敬的杂志的编辑,同时也提供很多有价值的报道,诸如克里姆林宫的消息和他对巴拉克·奥巴马(Barack Obama)和穆罕默德·阿里(Muhammad Ali)的成功的开创性研究内容。

D　摄影师马丁·舍勒(Martin Schoeler)的慷慨奉献。克诺夫出版社,2010。

E　《桥》(The Bridge)最初的标题。我很喜欢这个充满戏剧性的画面,但是封面必须出现他的脸。

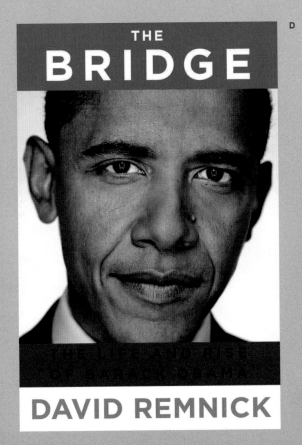

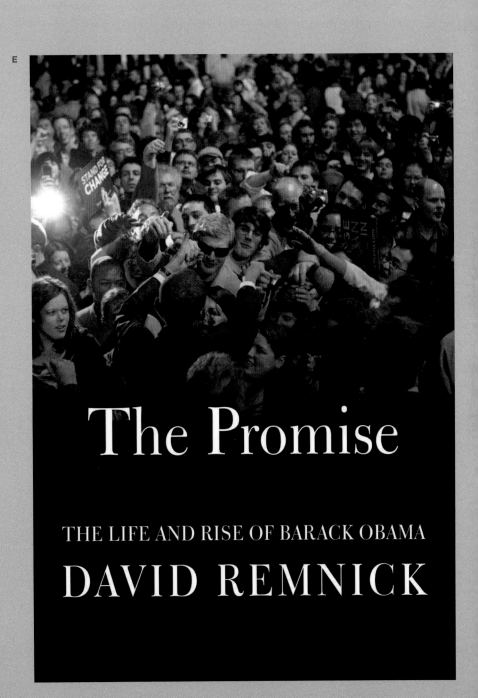

他的设计美学。然而格里并不接受,我完全理解。后来我重新设计,使画面简单化,以"前后对比"的形式并列呈现他为德国的一个住宅区设计的建筑,分别展示了他的手稿和最终的作品。在我看来,这个从无到有的过程非常迷人,这也是书中主要讨论的内容。

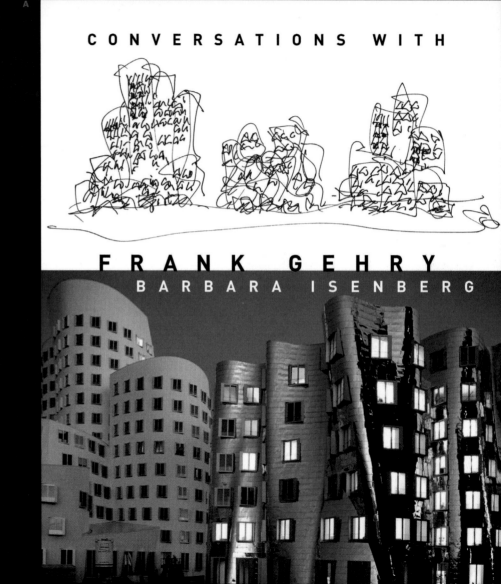

让我震惊

迈克尔·卡曼（Michael Kammen）专门研究了艺术如何在普遍文化中引起争端，这为封面素材提供了很多选择。举个例子，谁不喜欢罗丁（Rodin），还有什么比《吻》（*The Kiss*）更美妙的（左图）？关键是这座伟大的雕塑曾经饱受争议，当然这些争议现在已经不存在了。当我浏览这本书中其他的艺术作品时，我情不自禁地比对华盛顿纪念碑和布兰诺西（Brancusi）创作的《空间之鸟》（*Bird in Space*）（右图）。这是我的想法：在不同的体量和语境中，加上极其相似的造型，可以瞬间在脑海中进行对比。此外还有个更简单的原因，这两组作品的颜色可以很好地组合在一起。

A 克诺夫出版社，2009。
B 克诺夫出版社，2006。

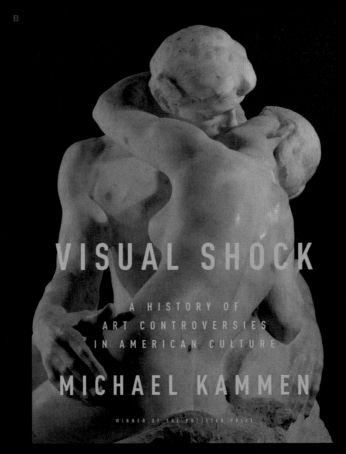
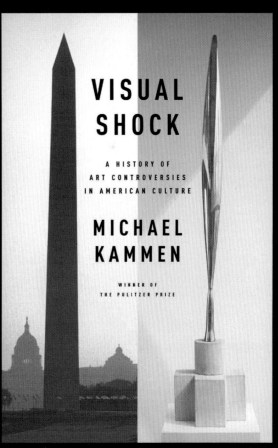

你是动物

大卫·奎门（David Quammen）撰写的《致命接触》（*Spillover*，左图）深刻详尽地探索了下一个大范围人类流行疾病是如何诞生于非洲野生动物的，书中内容惊险刺激，因此封面也要呈现同样的风格。

《共病时代》（*Zoobiquity*，右图）有着完全相反的结局，这本书在理论上研究了发生在动物身上的疾病和治疗方法，可以有效地帮助人类。我最初的想法是设计带开孔的封面（对页图），使用的照片是当时很火的一张灵长类动物自拍照。但由于预算限制，这个设计未能最终实现，但我很喜欢这个概念。

A　W.W.诺顿出版社（W.W.Norton），2012。
B　克诺夫出版社，2012。

A
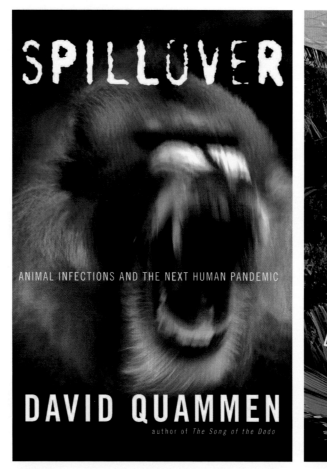

B
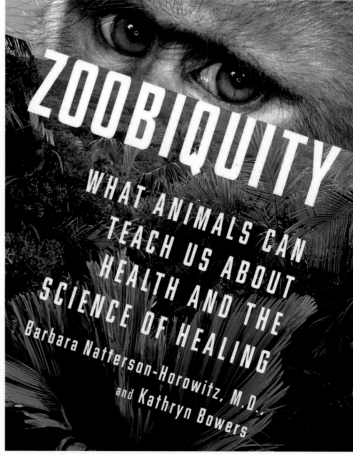

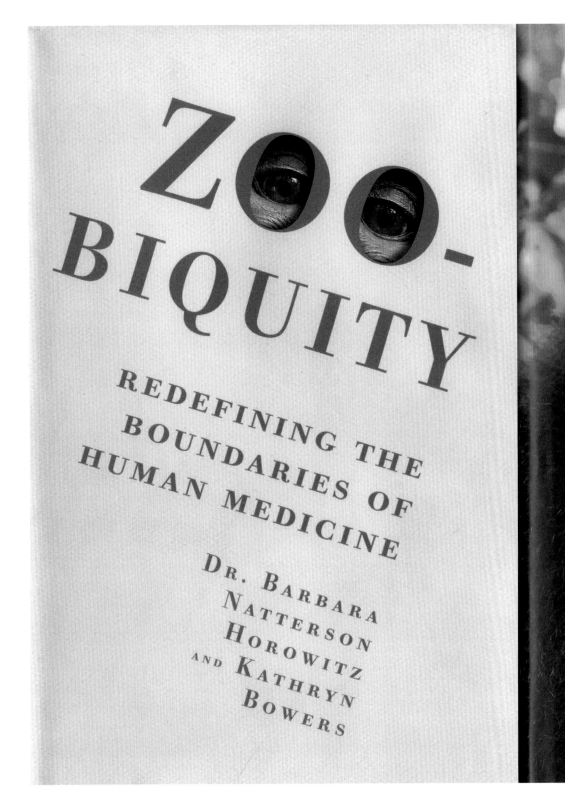

黑暗之心

我为埃尔莫尔·伦纳德（Elmore Leonard）设计的最后一部作品是《德吉布提》（*Djibouti*）。这个过程苦乐参半，因为我没有什么好的灵感，他也在出版不久后去世。但既然这些是"荷兰人"（埃尔莫尔的外号）写的，我就对这个项目兴致盎然，插画师马克·马丘（Mark Matcho）也很想尝试去描绘一幅年轻的非洲公主戴着精致珠宝装饰的肖像（左图）。尽管很久以后我不再参与这个项目，这个画面仍然成为最终版的封面。

另外，我也考虑过结合本书关于索马里海盗的主题，于是我使用非洲风格的骷髅头和交叉的腿骨图案（右图），我个人非常喜欢这个主题。可惜，这个画面没有打动除我以外的任何人。我对这个项目的参与恐怕也到此为止；非常遗憾，毕竟我们之前合作了那么多伟大的作品。嘿，我们永远怀念《自由古巴》（*Cuba Libre*）。平心而论，他是位伟大的作家，我很高兴他首先想到与我合作。向希伊·帕尔默（Chilly Palmer，埃尔莫尔笔下的角色）致敬！

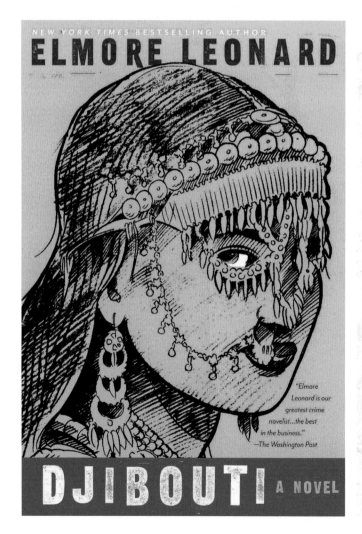

让它看起来轻松点

我很荣幸与诗人玛丽·蓬索（Marie Ponsot）合作多年，她的诗集《轻松之诗》（*Easy*）读起来轻松惬意，也可以看出她早年作品《翠影》（*The Green Dark*）和《涌现》（*Springing*）的影子。

定格摄影师马丁·克利马（Martin Klima）用他精妙的照片捕捉了花瓶炸裂的瞬间，这无疑是蓬索诗歌中赞颂生命最理想的隐喻。表面上看一切都安然祥和，然而内在却不尽然。我想任何有生活独特品位的人都可以理解。最终的封面设计究竟采用哪个画面还没决定，右边的郁金香（克诺夫出版社，2009）看起来具有足够的说服力。我猜红色花朵一贯如此。

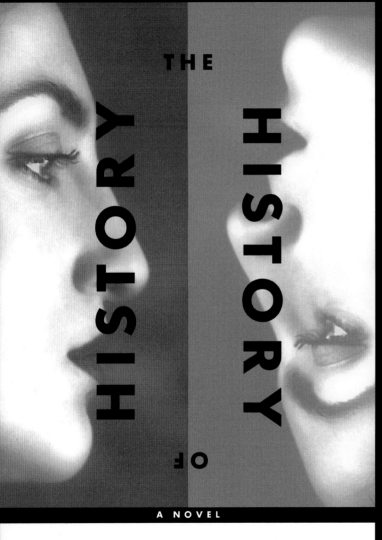

THE HISTORY OF HISTORY

A NOVEL

IDA HATTEMER-HIGGINS

The extraordinary journey of the fakir who got trapped in an Ikea wardrobe.

A novel.

Romain Puértolas

彼得罗斯基主义

我已为工程师、作家亨利·彼得罗斯基（Henry Petroski）的作品设计封面很多年，当他在我的母校宾夕法尼亚州立大学做讲座时，我很高兴能为他设计海报（左图）。也只有亨利能从学术的角度写出一部关于牙签的历史（对页图）。针对这本书，我不由自主地把封面设定成我小时候吃的一种开胃小菜。克诺夫出版社的主编索尼·梅塔不太能接受这个设定，而我不得不解释我的创意，还要让他明白实际上人们在鸡尾酒派对上吃的就是这样的东西。

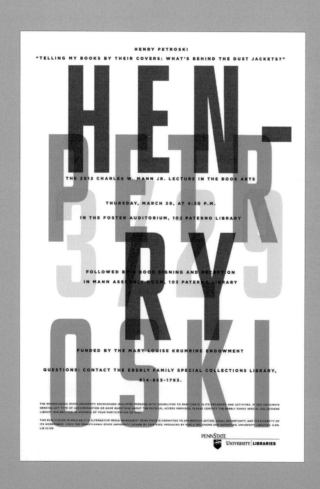

A 克诺夫出版社，2010。
B 乔夫·斯佩尔创作的牙签造型。
C 同上。
D 克诺夫出版社，2007。由乔夫·斯佩尔拍摄。

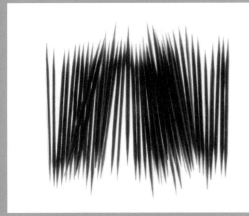

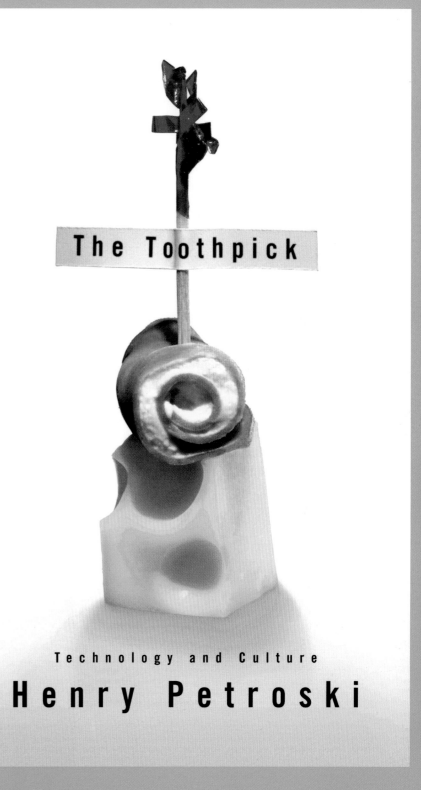

雨天存款

我不是很擅长为金融题材的书设计封面，因为很难把它设计得很有意思（至少对我来说是这样的）。但我准备接受挑战。《消费转移》（Spend Shift）这本书（左图）从2008年金融危机中总结经验，对于它的封面设计，没有什么比买一块诱人的猪肉与老气的猪形存钱罐（到底是谁先想出来的？）作对比更合适的了。它可以很好地体现书的核心内容，而且作者也很认同。

《然后我们走到了尽头》（And Then We Came to the End）是约书亚·费里斯（Joshua Ferris）创作的一本很棒的小说，讲述的是20世纪90年代芝加哥一家广告公司办公室里发生的故事。他们让我把它融入《纽约时报书评》（New York Times Book Review）的封面上（右图）。在那个年代，任何熟悉办公室生活的人都知道"你离开的时候"便签，就像秘书用来记录打给老板的电话那样的便签。这些亮粉色的小纸条其实是辞退警告，俗称"pink slips"。

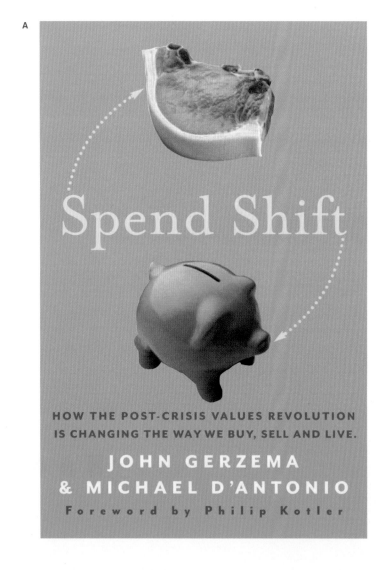

下一位作者是贝斯·卡布林（Beth Kobliner，右图），她应被授予最具圣人之心经济学专家奖。她在年轻人对生活中除了金融以外的所有事都感兴趣的时候，让他们对自身的未来有一种经济上的紧迫感。尽管这本书和封面都是2009年完成的，但它们触达的问题却与今日息息相关，并且每一代人都应对其更加重视。乔夫·斯佩尔完成的照片拼接，当然少不了我的指点。你能想象出你的自动柜员机凭条*上面是这样的吗？

*如果你不清楚什么是自动柜员机凭条的话，大概是因为现在所有的银行业务都是通过智能手机操作的，那你更应该读读这本书了。

A　巴斯出版社，2010。

B　这本书的作者私下找过我，跟我讲述摩根士丹利的首席执行官[菲利普 J·珀塞尔（Phillip J. Purcell）]亲自炒了八个人的"鱿鱼"，然后又被这八个人赶下台的故事。我认为这个设计（由乔夫·斯佩尔拍摄）非常具有戏剧性。但作者并不认同。

C　最后的尝试，同样没有通过。

D　西蒙&舒斯特出版社（Simon & Schuster），2009。

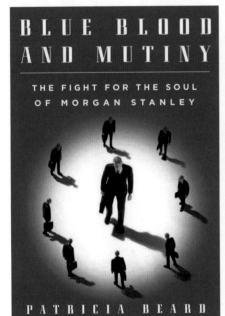

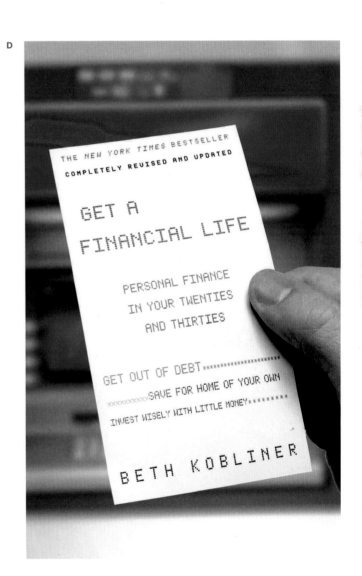

御宅巡逻队

哈,接下来要讲的都是我熟悉的人,超级英雄、凶狠的反派以及所有那些喜欢他们(和痛恨他们)的人。奥斯丁·格罗斯曼(Austin Grossman)非常了解这类人(特别是那些反派),在他创作的《不久我将无可匹敌》(*Soon I Will Be Invincible*)这本小说中,他预见到了那些大受欢迎的电影诸如《神偷奶爸》(*Despicable Me*)和《自杀小队》(*Suicide Squad*)成功的秘密:把观众的视线和同理心集中到这些坏蛋身上,同时构建丰富的背景故事、人格和动机,让他们的行为变得更加深刻,而不仅仅是统治世界那样(别担心,统治世界依然是他们的计划之一)。

因为这不是本漫画书,所以我决定把视觉元素设定在准备阶段:也就是大战之前的换装阶段,而不是那些传统的摆着酷炫姿势的角色照片。换上专属的服装,戴好头盔,然后准备接收庞大的脑电波信号吧。

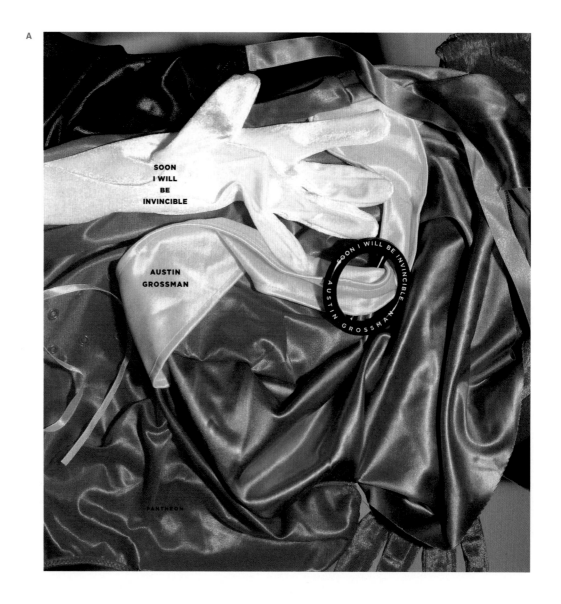

A 万神殿图书(Pantheon),2007。所有造型和拍摄均由乔夫·斯佩尔完成。

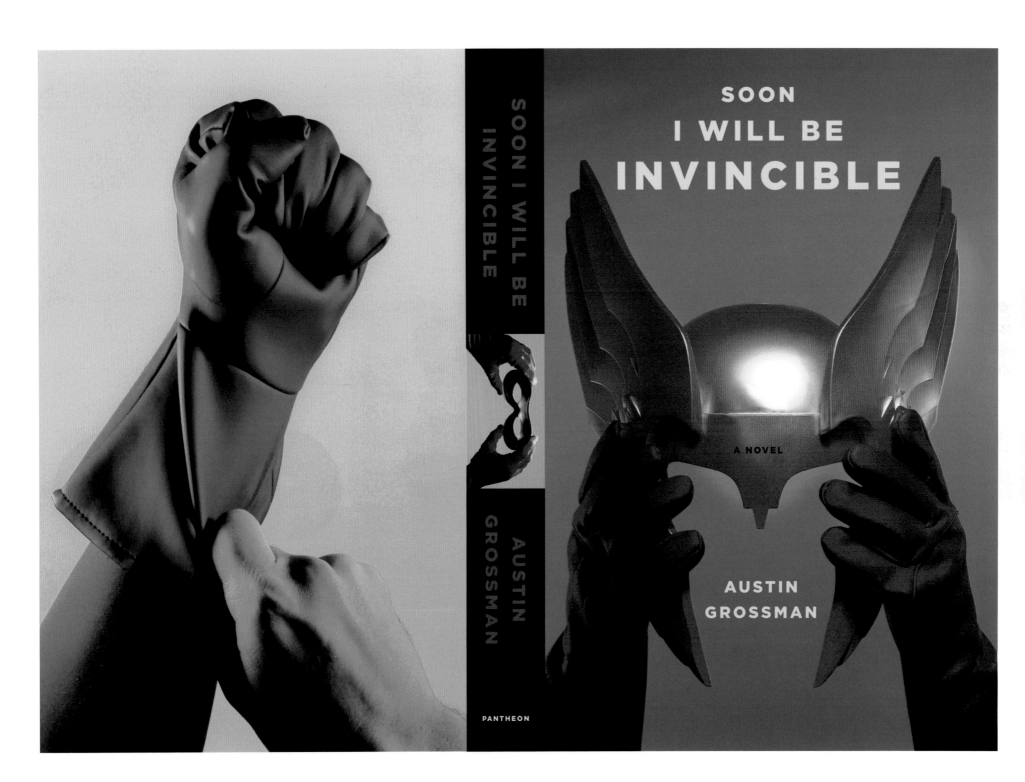

完美角色

佩里·摩尔（Perry Moore）所著的《英雄》（*Hero*）赋予了"超级英雄"这个词汇以新的印象——同性相爱成了这本书的主要目标。我的想法是给一个经过授权的超人雕像拍摄（左图），然后让摄影师乔夫调整光线，让他看起来跟其他穿披风的英雄无异，同时突出他的，呃哼，健壮的躯体。我说的是他肌肉发达、线条完美的屁股！不过这对于出版社而言有点太露骨，所以我改成了更加意象的、像罗宾经常佩戴的那种面具（右图）。佩里·摩尔的英文名字恰好各有五个字母，它们可以完美对称地出现在左右眼洞中。加上本书标题是四个字母，我使用CMYK印刷颜色（天蓝色、洋红色、黄色和黑色），这个创意也被我用过多次（举两个例子：《1Q84》的书脊，见11页；"艾布拉姆斯漫画与艺术"的LOGO，见218页）。

A　Hyperion出版社，2007。

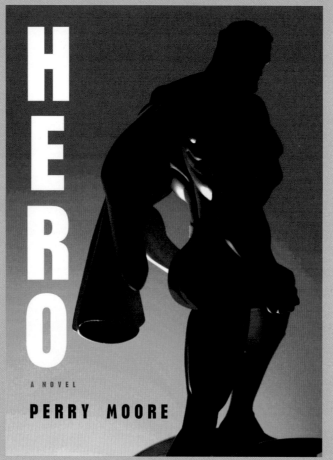

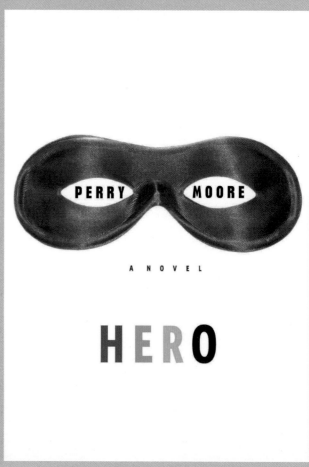

A

B 图片来自圣地亚哥动漫大会目录册,风格模仿旧时小报,大约2007年。这个交流会的其他成员都是很厉害的大师,所以给我的印象很深刻。[我记得保罗·费格(Paul Feig)事先跟我说过他是忠实粉丝,当我问他现在在做什么的时候,他的回答是"我目前筹划的电影名字叫《最爆伴娘团》(Bridesmaids),我都等不及了!"现在我们都知道缘由了。]

C MoCCA艺术节是漫展领域里比较独立的怪咖,但我也很喜欢。2006年他们请我设计海报,相应的我问我朋友查尔斯·伯恩斯能否使用他的艺术创作。就像你看到的,他同意了。

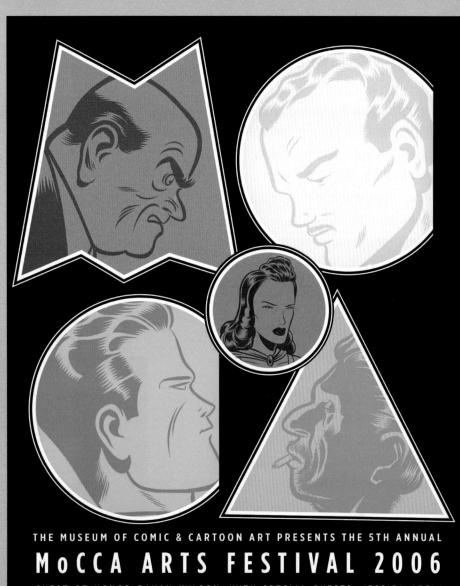

运动机会

以防有人不知道，确切地说我不是运动爱好者。好吧，这么说有点保守。但我认为一个好的设计师应该具有解决不同领域问题的能力，即便这些问题来自他们不太感兴趣的事物。(这与让你设计创造一些违背你道德准则的东西完全是两回事，完全是不一样的，这点稍后再谈。) 就算我对体育不太上心，我也知道罗杰·克莱门斯(Roger Clemens)，以及他的成就，因为我在纽约住了三十多年了。因此，无论你想不想，你都不可避免地看到和听到大都会队和洋基队的各种事情。(我对此深恶痛绝，就像我痛恨电视那样：媒体把名人的所有事情巨细无遗地散播开来，无论我们是否愿意接受这些信息。但我作为媒体的一分子，我也难逃干系，所以也有我的责任。) 不过我挺喜欢这种并列排放克莱门斯照片的形式，照片中他在球场上打出信号，然后发出不会使用类固醇药物的誓言(右图)。不过最终这个画面远不如他挥舞像猎刀一样的折断球棒那样具有冲击力(左图)。

A 克诺夫出版社，2009。

B 虽然克里斯托弗·麦克杜格尔(Christopher McDougall)的这本书讲述的是第二次世界大战时期的故事，我尝试使用现代体育赛事或运动装备广告那样的风格。

C 最终的画面没有那样的模式化，它体现了夜晚中运动的动态(这是合成图像)。克诺夫出版社，2015。

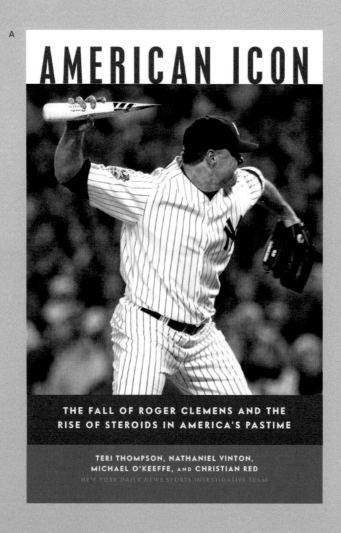

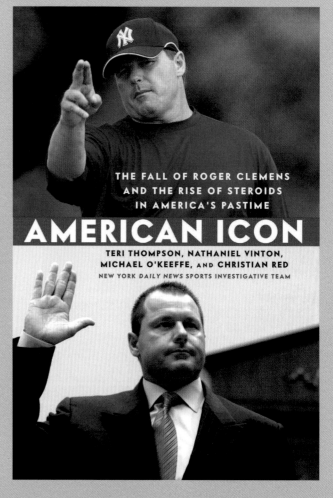

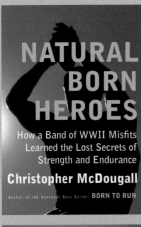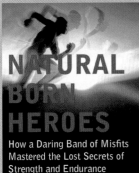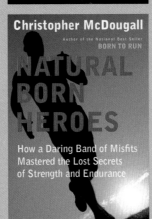

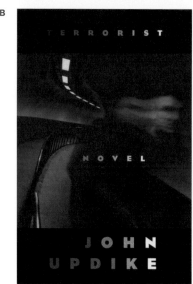

Nov. 9, 2005

Dear Chip:

Your jacket is terrific, brilliant, masterly, worthy of the Chip Kidd I keep reading about in the papers.

It wasn't what I expected when I came into Judith's office -- I thought I'd see a version of my newspaper idea -- so I did a double-take, like everybody else, and then laughed. *Seek My Face* was meant to cause a double-take, but it always looked a bit too much like a face, and Ballantine's paperback even more so. But this is a real fooler, and when you turn the thing upside you realize not only that it is a reflection but that the man is walking *toward* you, whereas his reflection seems definitely to be walking *away*. I was worried that you had cut off too much of the (real) feet at the bottom, and on looking at the original I see you snipped off only a miniscule amount, and I'll assume you know what you're doing and did the best cropping possible.

Then I underwent a little qualm that the author and title look too much as if *I'm* the terrorist; but no, the size and spacing are such that only a moron, who had never seen a jacket before, would misread. And "A Novel" is clear enough, and perfectly placed.

The whole thing is perfect, in fact, including the purple. Don't change a thing. This was an impossible book to put a jacket on, and you've done it.

And during a period, I know, when you're busy with your own amazing book. A writer, so called, gave the sermon in the local Episcopal church last Sunday, and when I shook his hand at the door he congratulated me on the foreword for "Chip's book." His name is Michael Malone -- do you know him? What *I* dote upon is, of course, the photos of our two fathers, and long-razed SHS, and the hopeful little urchin behind his mimeograph stencil.

Congratulations, and many thanks for that scary upside-down jacket.

john

A 克诺夫出版社，2006。

B 为《恐怖分子》(*Terrorist*) 做的初步尝试。

永别了

对页的那封信是我从作者那收到的感触最深的一封信,它对我有着非凡的意义。首先,我为《恐怖分子》设计的封面是我为厄普代克先生创作的最好的作品,他也很认可。以下是这个封面的诞生过程:作者为我提供了素材,但我把它颠倒过来(对页左图),而不是按照作者的建议把它呈现在报纸头版上。那样封面会过于烦琐,如果直接使用则会过于平庸。作为设计师,我这样做有点过于独断,但我认为这值得一试,如果他不喜欢,我可以再调整。其次,我接手这个项目的时候正在为上一本书进行最后的调整,这本书精彩的前言部分正是他所写,他在信中也提及了。我认识这本书的作者迈克·马隆(Michael Malone),而且为他设计了很多封面(在上一本书中有提及)。我完全不知道他找了厄普代克为他作序。再次,我跟厄普代克先生的联系非常奇妙,我们的父亲竟然也互相认识。韦斯利·厄普代克(Wesley Updike)是托马斯·基德(Thomas Kidd)在希灵顿(宾夕法尼亚州)高中的数学老师(从1944年至1946年)。约翰和我之间的联系如此神奇,这似乎是受到命运的指引,让我们以最完美的形式共同创作。

C 约翰对泰德·威廉姆斯职业生涯的思考,作者去世不久完成了设计。我先参考了棒球卡的插画(怎能不看?),但一张照片显然更具说服力——看他那充满希望的双眼!而且这个标题有可能让人混淆,所以我希望读者可以先注意到作者的名字。非常感谢玛莎·厄普代克(Martha Updike),你是约翰的心灵之窗,感谢你为这本书的付出。美国文库(Library of America),2010。
D 同上。

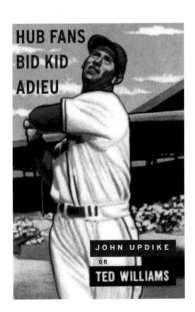

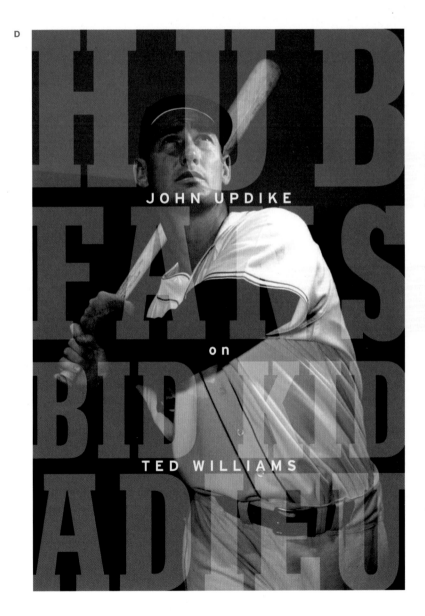

我觉得克里斯·韦尔（见161页）是设计厄普代克先生最后一部作品——《父亲的眼泪》（*My Father's Tears*）最理想的人选，他可是忠实粉丝。我的想法是这个封面由手写体构成，当然没有人比克里斯更棒的了。令人惋惜的是，约翰不同意（下图）……于是他自己决定采用更为严肃的Albertus字体（对页左图），这个字体曾用于他创作的"兔子"系列。我们就这个问题从未如此争论过，彼此都无法让步。后来我的老板，也是我的好友卡罗·迪瓦恩接手了封面设计，最终皆大欢喜。

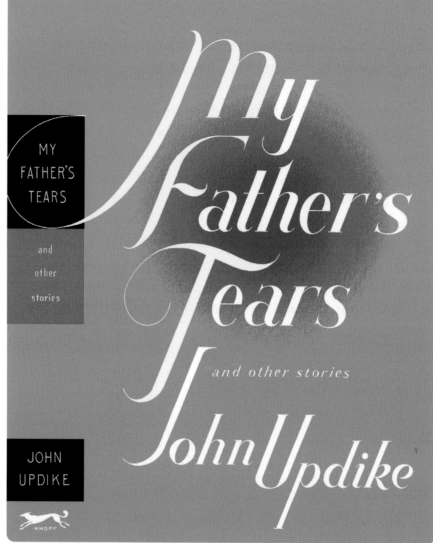

October 2, 2008

Dear Judith:

Doesn't this jacket strike you as, well, kind of wimpy? The letters are slightly hard to read and the trailing, attenuated strokes give me at least an impression of effeminacy, as if we are presenting the reader with a somewhat wilting bouquet of violets. It has a greeting-card quality. Compare with these two old jackets by Neil Fujita and his studio -- much more assertive and locked-in.

And "and other stories" could be bigger and the O and S capitalized. The "f" in *Father's* looks lower-case, the M is too much, as are the exaggerated J and U of my name. The words have been tossed down on the space helter-skelter. Let's use the space the jacket gives us, and be **bolder**.

I expected to do nothing but give my enthusiastic blessing, and I can't. Chip implies he didn't do the jacket, but somebody else. I miss Chip's touch here.

The trip to the Baltic republics and Russia left us a little worse for wear, especially with three days in New York trying to make up to Martha's daughter for missing her birthday by being in Russia. We both have colds and I stayed away from golf so I could clean up my messy desk a little. The short-story proofs are fun, though the month Ken gave me were down to two weeks by the time I got them.

Love,

John

2015年春,我把我所有的作品都转移到了我的母校——宾夕法尼亚州立大学的特藏图书馆里。对我而言,这是一个重大的搬家决策,一位年轻的档案管理员艾丽莎·卡佛(Alyssa Carver)帮我整理归类了超过300箱材料,这些材料包括我小时候的涂鸦、大学时期做的项目,以及工作以后的作品。她完成得很出色,并且她找到了我编辑第一本书的时候一直找不到的素材:那是我大二时画的平面设计作业,为约翰·厄普代克创作的故事集《博物馆和女人们》(*Museums and Women*)绘制的封面。我已经讲了很多遍我曾经做过的一个很烂的设计(见上一本书24页),但我一直找不到当时画的东西(我肯定是恼羞成怒地把它销毁了)。但是现在证据来了:不成熟的画功和混乱的排版。好在我在学校里继续学习了三年,而且有杰出的导师和同学们给予我帮助。正是由于我所从事的行业才能与作者建立起如此专业而紧密的联系,与他们的合作非常愉快,并能不断地激发我的灵感。

淘金热

当我写这部分的时候，书籍封面设计有一种偏好使用金黄色的趋势［这一观点由但不仅限于《华尔街日报》（*Wall Street Journal*）指出］。我当然也像其他人一样使用这种颜色，我想原因很简单：它很温暖，引人注目，在视觉上让人非常舒适。

A 克诺夫出版社，2008。
乔夫·斯佩尔拍摄。

B 同上。

C 克诺夫出版社，2013。
D 克诺夫出版社，2007。

C

D

公路勇士

阅读科马克·麦卡锡（Cormac McCarthy）所著《路》（The Road）的原稿是一件令人无比激动和兴奋的事，同时我也明白这是在克诺夫出版社工作和与作者合作的特权之一。这份原稿缓慢地在办公室里传阅，毫不夸张地讲，随着传阅的增多，类似"新世纪的希腊悲剧"的评价流传在有幸阅读过的人们之间。我认为这是到目前为止，这位作者创作的最引人入胜、故事情节把控最为精妙的一部作品。回想起来，这本书早于罗伯特·柯克曼（Robert Kirkman）创作的《行尸走肉》（The Walking Dead）许多年，随后在世界范围内引发同类型作品的热潮：全球性的灾难突然降临，幸存下来的人不得不在这个全新的未知世界中顽强生存。当然，《路》这部作品的不同之处是没有加入僵尸设定，而是纯粹的科幻元素，但它呈现出来的效果更为惊艳。人们为了生存不得已挑战人性的极限，他们远比那些没有思想、四处游荡的嗜血怪物更加危险和可怕。这本书讲述的是一对父子的故事（以父亲的视角展开），父亲为了保护自己的儿子会不惜一切代价。

A 《日落号列车》（The Sunset Limited）讲述的是一个男人想在火车站台上自杀，然后被另一个人所救，他们以此展开了戏剧性的对话。克诺夫出版社，2006。

B 早期封面设计对比。

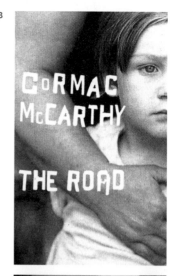

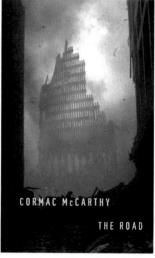

C　早期封面设计。

D　这张照片由杰森·富尔福德（Jason Fulford）拍摄，我以这张照片为素材，本以为这就是最终的设计了，但科马克不太喜欢。

E　科马克给我写了封信，信中列出了他的设计需求。还包括了一张在哈瓦那的破旧剧院的照片（见下页）。

F　我在复印机上测试的字体，最终用于了封面设计。

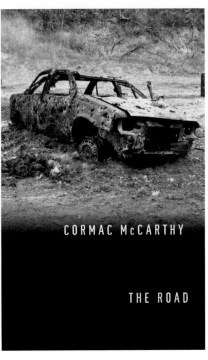

就像他在来信中所写的，科马克想在书中使用安德鲁·摩尔（Andrew Moore）拍摄的坍塌剧院的照片（对页图）。他还提出了另外一些让我们市场营销部门非常担忧的要求（确切地说他想去掉某些东西）：他想让他的名字和书名从正面消失，只出现在书脊上。作为设计师，我觉得这个想法很大胆前卫，但实际上却会适得其反。没有书名和作者将会无法为这本书的内容提前做好铺垫：本书的主题黑暗而深刻，是对移除了基本对话情境下的现代人类社会的一种思考，当生活在现代的人们突然丧失了这一条件，我们会变得与野人无异。最终这个项目的每个参与者都同意了右图的封面设计，此外还贴有"欧普拉读书俱乐部（Oprah's Book Club）"的标签，所有对于这本书的疑虑与担忧都已打消。在此我献上最诚挚的感谢，祝福你欧普拉。

A　和科马克在一个私人晚宴上庆祝HBO出品的《日落号列车》首次公映，本片由汤米·李·琼斯（Tommy Lee Jones）和塞缪尔·杰克逊（Samuel L.Jackson）两位影星主演。

B　克诺夫出版社，2006。

A

B

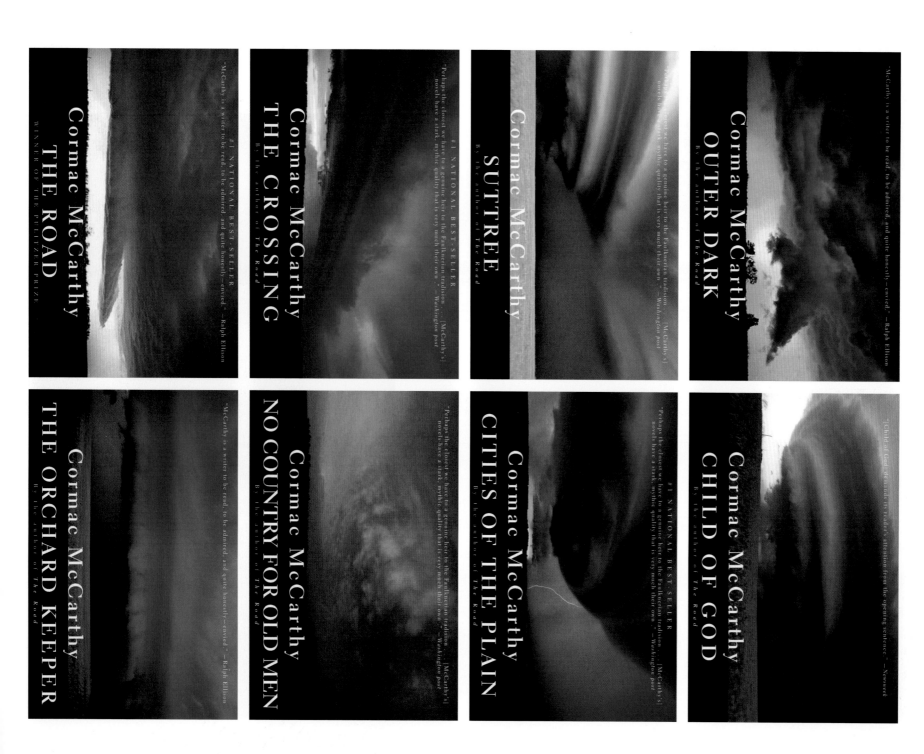

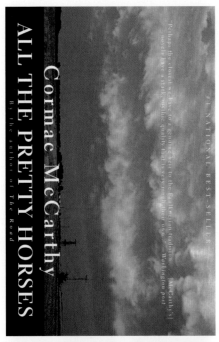

在《路》出版以后，索尼·梅塔让我开始准备科马克的再版书目录的重新设计。我对这个项目满怀欣喜，并开始着手寻找合适的视觉主题以使每部作品具有连贯性。主题关键词：危机四伏的旷野、美国西部，以及风暴。麦卡锡对于这种发生在草原或沙漠中宏大壮观的天气现象有着令人印象深刻的描写，我想一定有类似的极端天气的照片可以匹配他的文字。不过这种风光片的呈现效果横向比纵向好很多［也就是专业术语"横向格式（Landscape format）"的意思］。所以我遵循直觉把它们横向放置（很像科马克最开始对《路》的封面设计建议那样），然后以此格式把这些照片套用在封面上（见本页）。令人遗憾的是，这个设计没能实现，因为这样有可能对书店售货员如何陈列这些书造成很大的困扰。这个系列最终采用的封面设计之一如右图所示，使用了拉里·雪旺（Larry Schwarm）拍摄的燃烧的庄稼地照片，用于《平原上的城市》（Cities on the Plain）封面。

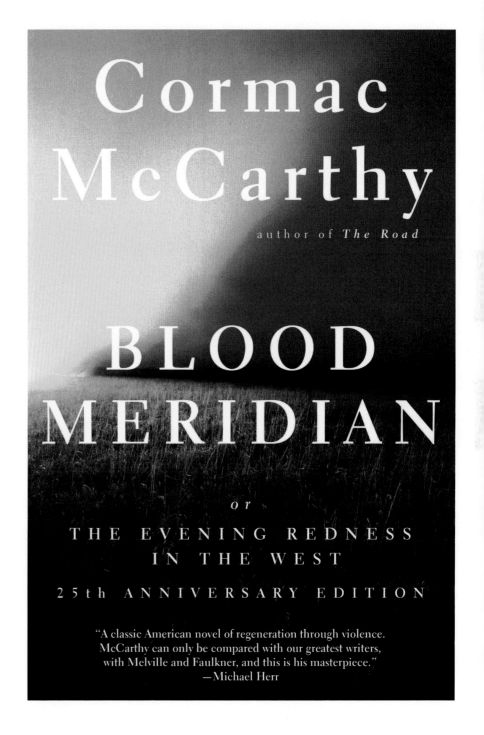

AUGUSTEN BURROUGHS
#1 New York Times bestselling author of RUNNING WITH SCISSORS

YOU BETTER NOT CRY

STORIES FOR CHRISTMAS

然后我问道:"好吧,那现在到底怎样?"对方的回答模棱两可。我一直在想他们为什么不肯通过这个设计。我还尝试使用一个正在漏水的雪花玻璃球照片(下图),氛围不错但还不够完美,然后我突然有了新的灵感:可以试试宠物!人们过节的时候喜欢给他们的宠物做各种各样的装饰,据我所知,奥古斯丁养了一只比特犬。我找到了这张照片(右图),这回应该没什么问题了。错!即使是这个画面依然得不到所有人的认可,这一提案也被否决。他们除了雪上加霜并没有提出什么建设性的建议。你最好去谷歌搜索一下,我只能说他们最后决定让圣诞老人露出那猥琐的东西。

骑马斗牛士出版社（Picador）出版了平装本（下图），他们决定让我重新尝试一下。因为要重新设计，所以我请乔夫·斯佩尔创作图像，我们决定以一个中间破碎的装饰灯泡为素材。虽然画面中的元素不多，但它很好地表达了书中的要点。奥古斯丁的第一本书《疯狂购物频道》（*Sellevision*，对页左图）展示出一种20世纪70年代中期商业电视频道的感觉，我们这次也赋予了新书类似的感官体验。

当奥古斯丁打电话告诉我要设计的书名叫《副作用》（*Possible Side Effects*，右图）的时候，我心中已经有了大概的想法。但我没有直接告诉他，通话结束后我打给乔夫，向他解释了我的灵感。他非常认同，然后给我的手拍了照片，并巧妙地增加了第六根手指。

A 圣马丁出版社（St. Martin's Press），2006。
B 骑马斗牛士出版社，2010。

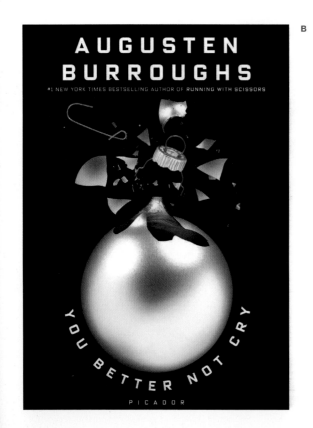

《餐桌旁的狼》（A Wolf at the Table，右图）描写的是奥古斯丁对暴虐父亲的回忆，书中的内容更加黑暗沉重。我们使用了一把弯曲的叉子和加了红色滤镜的光源，很轻松地完成了拍摄，完全没有使用电脑软件去做后期处理。我从没想过要让这些封面设计有多少关联（它们时间间隔很久），但把它们放在一起却能发现其中巧妙的共性。

C　骑马斗牛士出版社，2010。
D　圣马丁出版社，2008。

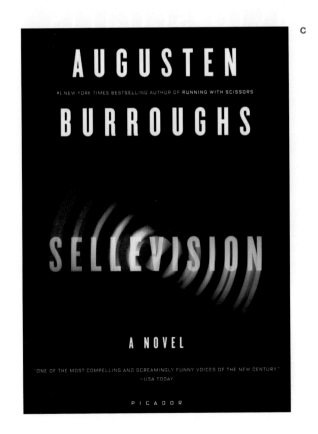

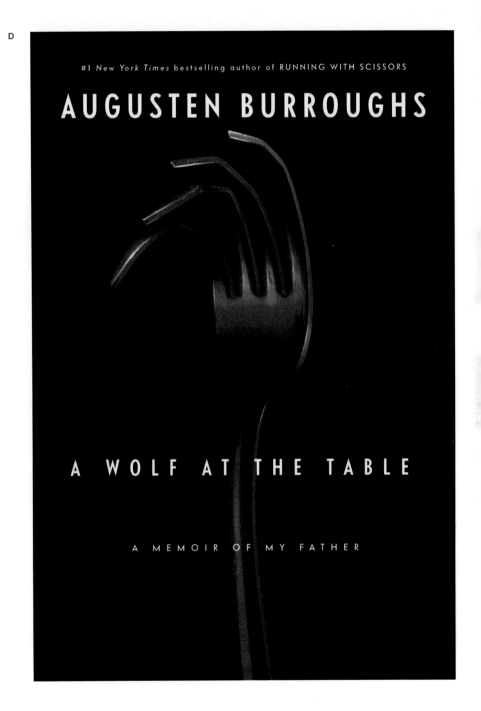

有烟的地方

大卫·赛得里斯创作的《烟迷你的眼》（*When You Are Engulfed in Flames*，左图）曾有两个不同的书名，每个（在我看来）都需要完全不同的视觉表现方法。第一个标题是：《所有你需要的美》（*All the Beauty You Will Ever Need*，对页左图），我曾尝试将幸运饼干的创意用于大卫·希尔兹的作品封面（见38页），现在我想把它用于这个可爱的标题。利特尔&布朗出版社非常喜欢这个创意，把它用于前期推广的宣传样书封面。不过没过多久，大卫通过希斯罗机场海关的时候，他的护照本上盖上了"无限期居留许可"的印章，这也预示了他要变更这本书的标题。在我看来，这个新名字与幸运饼干的关系不大，但更适合一根点燃的香烟的画面，书中也多次出现这个场景。因此我和乔夫拍摄了相应的照片，以此作为封面设计。这个创意看起来棒极了，没人能抗拒一缕青烟的诱惑。但是随后大卫表示他发现一幅更好的艺术作品——梵高画的吸烟的骷髅头（左图），并由此引发了另一次书名变更，也就是《烟迷你的眼》。这是幅很棒的作品，我担心他们不能拿到使用权，后来证明我想多了。由于改变了封面素材，我决定让排版设计尽可能地直截了当，最终这个设计一致通过。

A　利特尔&布朗出版社，2008。

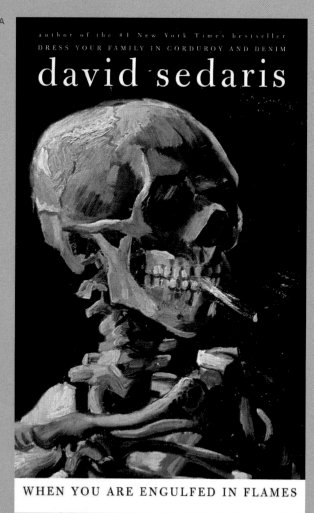
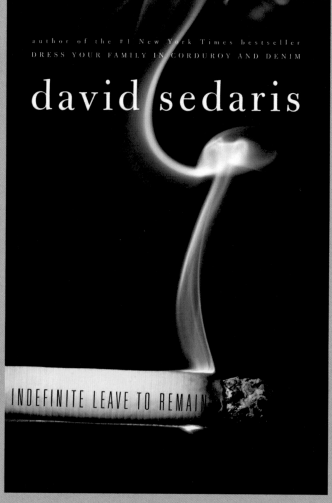

《冰上假期》（*Holidays on Ice*）是一部妙趣横生的作品。巧合的是，我的一个朋友斯蒂芬·韦伯斯特（Stephen Webster），在俄亥俄州的哥伦布市教摄影，同时也是赛德里的粉丝。他在课堂上让学生们以这本书为案例去创作新的封面。他把成果汇总给我，可他并不知道这本书将要再版，而我恰好正在设计新的封面。这张由马歇尔·特洛伊（Marshall Troy）拍摄的照片非常适合，最终我们选它作为封面素材。你说这有多巧！

B 利特尔&布朗出版社，2008。

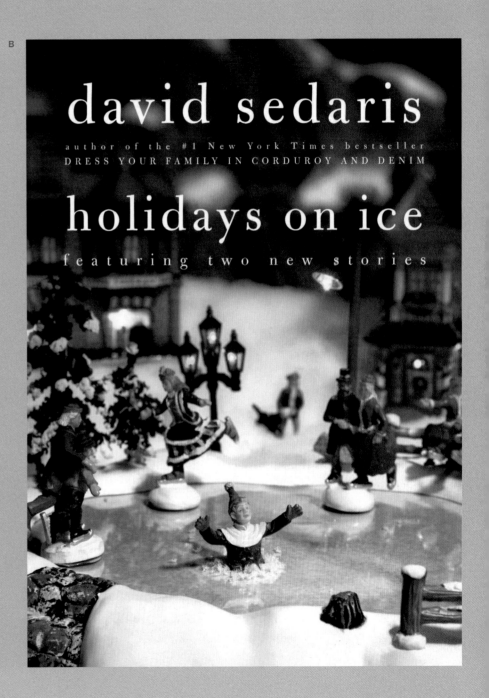

A   Other Press, 2008.
B   Tupelo Press, 2006.

A
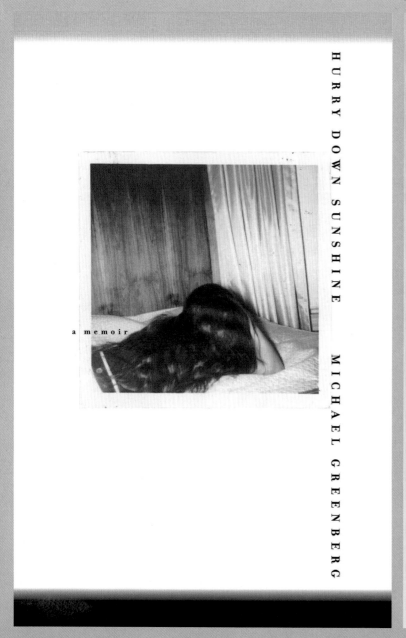

B

深刻的记忆

《心里住着狮子的女孩》（*Hurry Down Sunshine*，对页左图）和《肆虐的崇高》（*The Wanton Sublime*，对页右图）是两本完全不同的书（前者是回忆录，后者则是印象派风格的诗集），但二者都传递出一种轻微的悲伤和痛苦之情，因此我想它们的封面设计需要一个有感染力的画面，能够瞬间引发读者情感上的共鸣，从而让读者愿意伸出援手。麦克·格林伯格（Michael Greenberg）用动人的笔触描写了他身患精神疾病女儿的故事；安娜·拉比诺维茨基（Anna Rabinowitz）则透过虔诚的神话与教条，直达圣母玛利亚，乃至整个女性群体的人性深处。

唐纳德·杰斯特（Donald Justice）提供了这些他作品的幻灯片作为封面艺术的素材（右图）。他们现在的呈现方式与我在办公室灯箱上看到的一模一样，他们被分类整理，而且充满诗意，是这个封面的完美选择。

听我怒吼

瑞安·赫斯卡（Ryan Heshka）是一位常驻温哥华的插画师、画家，我关注他很多年了。我与他合作的契机也借由尼克·哈卡威（Nick Harkaway）创作的小说《老虎人》（*Tigerman*，克诺夫出版社，2014）而产生。李斯特·菲利斯（Lester Ferris）中士是个正直的好人，在长期的枪林弹雨的军旅生涯之后，他在考虑是时候退休了。有一个叫Mancreu的闭塞小岛，曾是英国的殖民地，现在处于无政府的三不管状态。这个岛屿被有毒的废气环绕，同时有一个国际组织为了自身的安全考虑不断地想要毁掉小岛；这里似乎是他隐姓埋名的退休生涯的完美去处。在海滩上还有一串违法的黑色产业链：间谍站、军火商、离岸医院、毒品加工场，以及专门用于拷问行刑的地方。李斯特很勇敢，但他选择睁一只眼闭一只眼，没事就喝喝茶，然后和街上一位很聪明、沉迷于漫画的小男孩成了朋友。当Mancreu动荡的社会受到暴力威胁的时候，他不能再坐视不管了。他不得不重新变成那个曾经行动果断的男人，然后成为这个岛屿和这个小男孩需要的英雄。也就是，咳咳，老虎人。

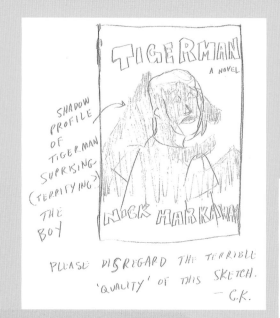

我立刻想到了阴影，菲利斯投射出老虎人的阴影，然后伺机抓住小男孩。瑞安全面地了解了我的设想，后来做了一点小变动：期初我想小男孩脸上的表情应该很惊恐，但最终我们认为他的表情应该更加生动。尼克在我们设计的每个阶段都给出了建议，关于菲利斯的制服，他也给出许多不可或缺的细节。其实我们没要求他这样做，但依然非常感谢他的帮助，我们才设计出这样精彩的封面。

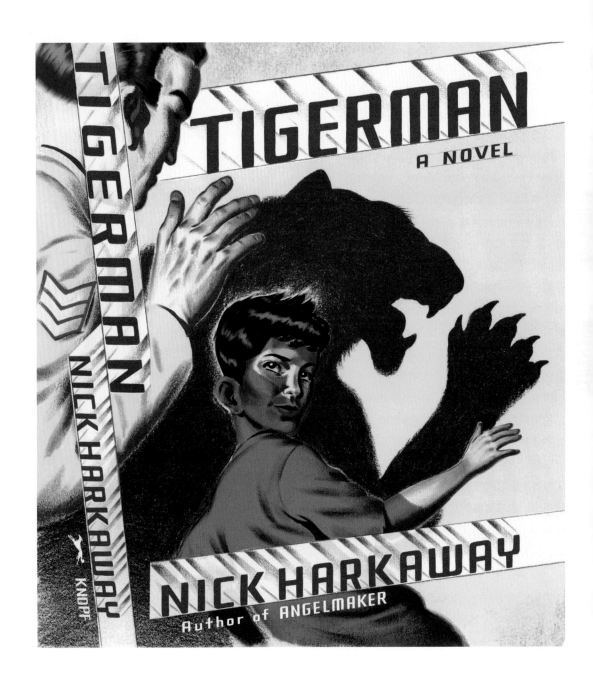

使用你的牙齿

《尖牙利齿》(Fangland)这本书的故事情节有些怪异,很难详尽地描述出来,但书中出现了一个活了上百年的吸血鬼,并且爱上了某个人。而且非常、非常地猥琐。也许是自由职业的关系,而且我想赌一下我对于这个封面的创意(抱歉!)——床头水杯中浸泡的牙齿以及一把定制的牙刷(右图)。但是伙计,出版社可不想冒这个险,这次我都没有再次尝试的机会,他们就把方案否定了。(不过还是要感谢你,乔夫。)

卡伦·拉塞尔(Karen Russell)创作的《捐赠睡眠》(Sleep Donation)是一本很棒的电子书,本书源于弗朗西斯·科迪(Francis Coady)创建的昙花一现的Atavist图书品牌。这给了我唯一一次机会去设计有交互体验的封面,包括声音、触摸、图像变化(对页左图)。凯文·通(Kevin Tong)根据书中情节提供了视觉元素,这本书讲述了不可预知的未来出现了一种威胁人类生命的疾病,患病的人将无法入睡,而仅有少数志愿者可以提供有效的解药。

当你第一次"打开"这本书时你会看到屏幕上的眼球,血丝会逐渐爬满整个眼球,而嗡嗡的背景声音也会随之响起。然后你必须点一下眼球,屏幕会转变成夜晚,眼球也变成了月亮,嗡嗡声替换成了虫鸣,最后标题显现出来。我非常喜欢这个体验,但同样也让我更加坚持传统的实体书——它们并不受开关的控制。

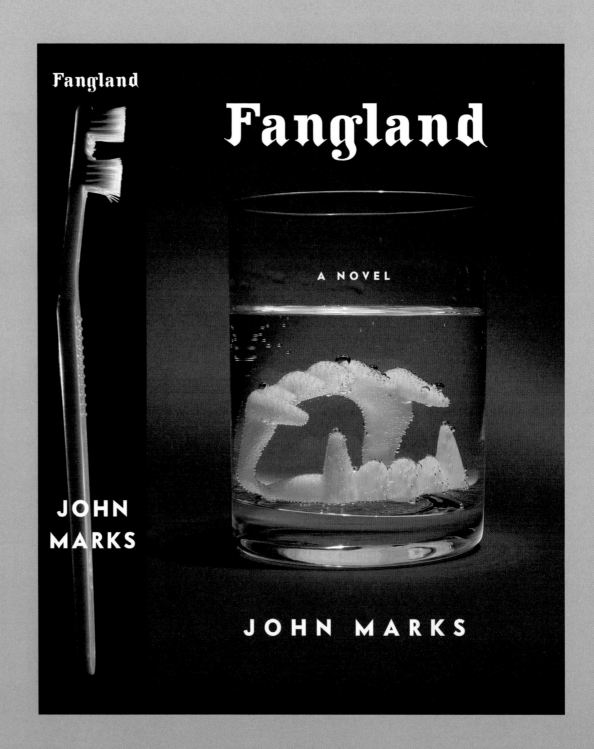

A　玛丽·罗奇是可遇不可求的最佳高中理科教师。她发现了很多关于人类尸体和动物性行为的项目，没什么比这更有趣的了。她创作的关于人类消化系统的书《吞噬》（Gulp，W.W.诺顿出版社，2013）同样很有意思。我觉得我应该体现出消化过程中一开始美好的那一面，当然这一系统的末端并不那么令人愉悦。这本书的封面就是最大的线索。遗憾的是，我为《作战人员》（Grunt，见下页）设计的封面就不是这样了。

A

我很高兴能有机会为玛丽·罗奇（Mary Roach）的《作战人员》进行创作，这是她关于"人类在战争中的有趣科学"的测试。这不是一本政治主题的书，而是关于如何通过科学技术更好地为军队提供服务。在实验室中的一切研究发现都有可能减少在战场上遇到的问题。对于封面设计，他们提出的要求是要有足够的趣味性，我觉得没什么可以让我们的士兵上战场看上去很有意思。我请我的好友，一位非常有想法的插画师克里斯托弗·尼曼（Christoph Niemann）也参与到这个项目中，他的这些创作（左图＆右左下图）太复古，太有"二战"风格。他们让我使用真实的士兵图片（右左上图），但是这个画面不够吸引人，玩具士兵也不够理想。我很遗憾这个项目到此为止了。我本以为我们的创作方向是正确的。

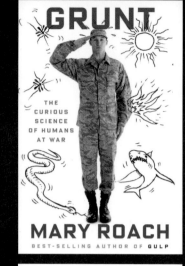
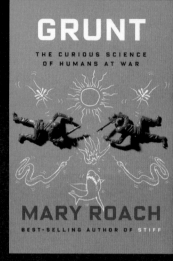
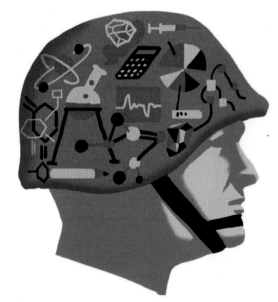
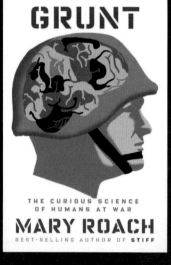

勇气的肖像

罗伯特·M.盖茨(Robert M. Gates)所著的《职责》(Duty)是他在三届不同的政府执政期间,任职美国国防部长时期的回忆录。书籍的标题十分完美,简明扼要,直达主题。设计过程中遇到的一个挑战是书籍的手稿不可借阅,也就是说除了编辑乔纳森·西格尔(Jonathan Segal)和索尼·梅塔,出版社的其他员工在正式出版前都无法看到。原因是已经退休的盖茨将会公布一些惊人的内幕,同时我还要和乔纳森讨论整本书的风格和内容,以在军队命令般的口吻和激昂的热情之间找到一个平衡点。我们打算自己拍摄照片,但后来找到一张《时代》杂志2010年2月15日刊的封面照片,该照片由著名的肖像摄影师波拉顿(Platon)拍摄。《时代》杂志的封面显然经过修图工具处理,但是波拉顿的代表提供了拍摄花絮:真实的全彩头部肖像比杂志使用的黑白全身照更具冲击力。而且我们也拿到了使用权。所以,请看右图:一个结合了权力与脆弱的完美混合体,亦如书中文字希望传递的那样(只要我们有机会看到!)。这本书大受欢迎,《纽约时报书评》的头版宣称这本书"有可能是最好的华盛顿回忆"。盖茨的下一本书主要讲述的是领导力(下图),我使用了一张他出访中国,在停机坪上准备接受记者团采访时的照片。

A 克诺夫出版社,2014。

B 克诺夫出版社,2016。史蒂芬·萨尔普卡斯(Stephen Salpukas)/威廉&玛丽学院提供照片。

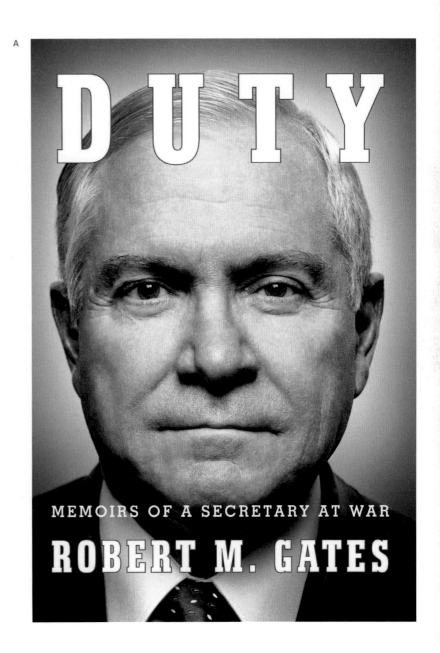

A 克诺夫出版社，2009。

B TCG（Theatre Communications Group），2006。

C 英格玛·伯格曼（Ingmar Bergman）和丽芙·乌曼（Liv Ullmann）的女儿琳·乌曼（Linn Ullmann）在《蒙受祝福的孩子》（*A Blessed Child*）一书中探讨了三个姐妹对于家庭忠诚的看法，尽管她们三人是同父异母的姐妹并各自怀着不同的感情。故事发生在波罗的海的一座小岛上。这种巨大的岩石在沙滩上随处可见。克诺夫出版社，2008。

A

B

C
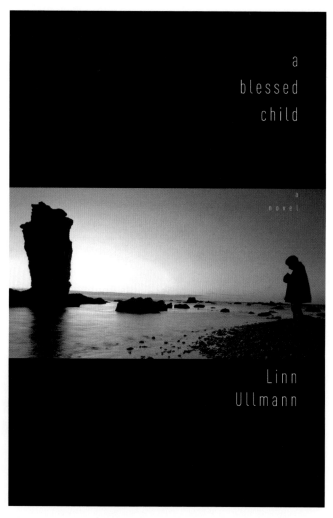

孩童的游戏

斯科特·拉瑟（Scott Lasser）创作的小说（对页左图）发生在"9·11事件"之后，讲述的是一个年轻女人的兄弟在恐怖袭击时去世，而后她去寻找他孩子的故事。

大卫·林赛－阿贝尔（David Lindsay-Abaire）创作的喜剧《兔子洞》（*Rabbit Hole*，对页中图）描绘的是一出悲剧故事——一个小男孩不小心死于一场交通意外事故，而肇事者是一位青少年。这个事件的幸存者（已故小男孩的父母、祖父母、年轻的驾驶员）反而成了受害者，他们不得不面对悲剧事故接下来的发展，进而想办法摆脱环绕在他们身边的阴霾。这部剧在百老汇上演时，母亲的扮演者是辛西娅·尼克松（Cynthia Nixon），凭借她精湛的演技，每晚的演出都让现场观众纷纷落泪。对于这本书的封面设计，我想呈现一种完全不同的、有别于以往人们对儿童固有印象的新画面。

鲁珀特·汤姆生（Rupert Thomson）创作的《一个凶手的死亡》（*Death of a Murderer*，右图）是寓言故事，根据臭名昭著的恋童"沼泽杀人狂"——迈拉·希德莉（Myra Hindley）犯下的连环杀人案改编。杀手的尸体躺在医院的停尸房内等待火化，而碌碌无为的警官比利·泰勒（Billy Tyler）负责在晚上押运、转移杀手的尸体，本书便从这位警官的视角出发。

ROBERT HUGHES

THINGS I DIDN'T KNOW

A MEMOIR

by the author of THE FATAL SHORE

签名造型

A	克诺夫出版社,2006。
B	克诺夫出版社,2015。

罗伯特·休斯(Robert Hughes)是20世纪后期备受瞩目的艺术评论家,《我不知道的事》(*Things I didn't Know*,对页图)是他早期生涯的回忆录。对于这本书的封面,我采用与《来自新事物的冲击》(*The Shock of the New*)相似的形式,并经过一些调整和更新。这个封面传达的概念是对个人过往经历的修正,更像是一种坦白和告解,而不是将过去遮掩。

《技艺奇观》(*The Spectacle of Skill*,右图)于休斯去世后出版,这本选集中收录了《我不知道的事》的一些后续文章。对于这本书的封面,我百感交集。我以帆布为材料,同时使用了鲍勃签在我的《美国视野:艺术在美国的传奇历史》(*American Visions: The Epic History of Art in America*)上面的签名。

A 后来我发现这个嘴部文物碎片，它作为诉说故事的象征完美地融入了封面，为整体排版腾出了很多空间。正好这是我为休斯生前最后一本书籍做的封面设计。克诺夫出版社，2011。

B 休斯在世的时候，我着手设计他的《罗马》（Rome），素材准备使用西斯廷教堂的穹顶，或是贝尔尼尼创作的《圣特雷莎的狂喜》（Ecstasy of Saint Teresa）。但它们过于烦琐，导致封面看起来不利于阅读。

C 同上。

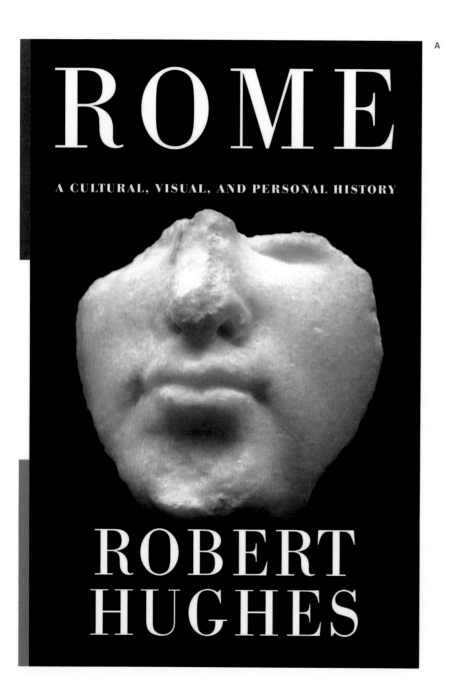

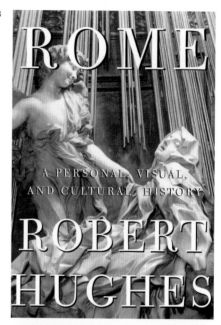

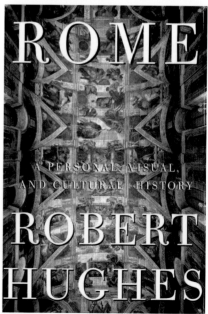

身体政治

没错,这是他帽子的实物照片。也可能是他众多帽子中的一顶。这本书里有很多关于亚伯拉罕·林肯(Abraham Lincoln)的精美图片,但这顶帽子打动了我。再说,有多少历史形象有足够的代表性能让你一眼就识别出身份?林肯是所有人心中的英雄,他有着太多的善举,至今仍在影响着我们,并且世世代代延续下去。

D 克诺夫出版社,2008。

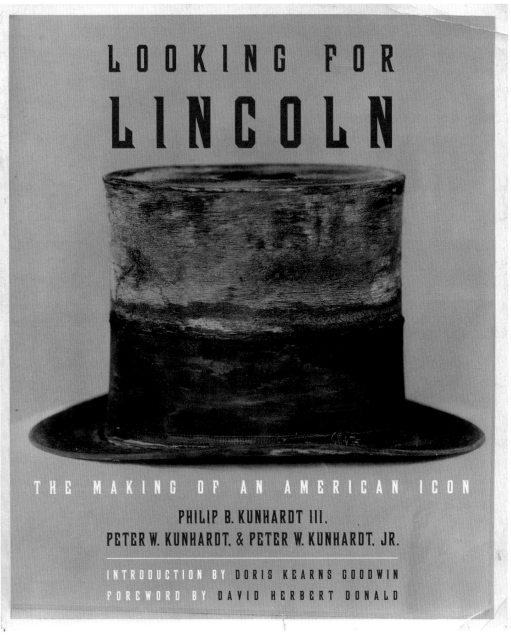

文字工作者的外衣

在詹姆斯·梅利尔（James Merrill，右图）的传记之前，我已经用他生活晚期的照片设计了他一半的作品（诗歌、戏剧、小说等）封面，但是这回需要做点不一样的。书籍的作者，兰尼·汉默（Lanny Hammer）找到了年轻诗人的这张照片，他正逐渐成为那个备受瞩目的艺术家。希望、理想、激情，以及未来的职业生涯，都蕴含在这张照片中。

从多种意义上来说，这本书（左图）是诗人菲利普·莱文（Philip Levine）的最后一本著作。它出版于诗人去世后的2016年秋天。

A 克诺夫出版社，2016。
B 克诺夫出版社，2015。

A

B
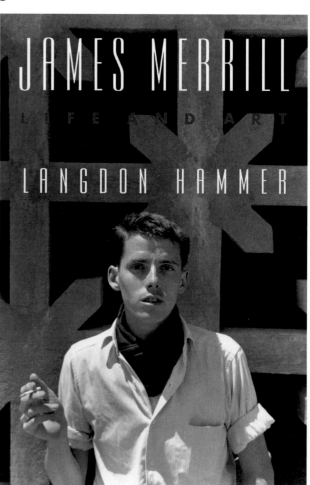

我很难用文字去形容乔治·普林普顿（George Plimpton）这个人，无论是他在众多粉丝心中的重要地位，还是他对新闻业的杰出贡献。他指派我作为《巴黎评论》（*The Paris Review*）的封面艺术总监，从1995年开始直到他去世。这段时间他不止一次在上东区的公寓里为我举办图书聚会，我非常感激。当我准备设计他朋友尼尔森·阿尔德里奇（Nelson Aldrich）为他编辑的传记封面时，我们选择烟火作为视觉元素（右图），这也是他的激情所在。他名字当中的彩色字母参考了他另一本开创性的著作《伊迪》（*Edie*）。我知道这之间的关联有点微妙，即便读者不明白，但是这依然是个不错的设计。

C　兰登书屋（Random House），2008。

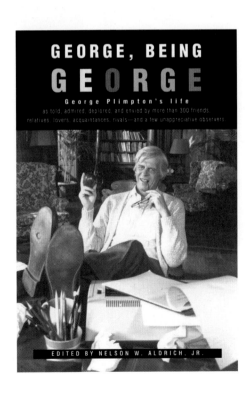

C

不好意思，
你说什么？

下图所示的是这本书初版精装本的封面设计。我觉得它太过依赖伍迪式的对话，当时其他人也这样认为。它成为国家设计博物馆的永久收藏，并且获得了很多奖项。然而它的普通版（右图）需要他的肖像来做封面，我特别赞同这个决定。这个封面效果很不错，尤其是他的嘴巴紧闭，你可以看着他的眼睛，然后听他讲话。

A　克诺夫出版社，2009。
B　克诺夫出版社，2007。

左图是《伍迪·艾伦插图精选》(*The Illustrated Woody Allen Reader*)的拼接式封面设计,把他的名字打乱,并融合了电影胶片的概念。

给艾伦做编年录的埃里克·雷克斯(Eric Lax)的回忆录(右图),我想使用与艾伦的书同样的视觉文字元素,但更突出雷克斯的风格。

C 克诺夫出版社,1993。
D 克诺夫出版社,2010。

C

D

继续鼓励

我从2005年开始观察美国诗人协会的全国诗歌月的海报,并参与设计了其中的两张海报。2014年我使用沃尔特·惠特曼(Walt Whitman)的诗歌主题作为素材(左图),搭配一张惠特曼手部模型实际大小的图片。这些海报在全国范围内的数千所学校展出,因此我想让孩子们把他们的手放在上面比较一下,最好能够引起些共鸣。

万神殿图书出品了一系列随书附赠的书签,并搭配了一些引文(右图)。在这里,我表现的是前卫的视频博主泽·弗兰克(Ze Frank)。

拉里·克莱默（Larry Kramer）是一个两极化的人，但是没人否认他勇敢地为同性恋男女权益付出的努力。暂且不论他人格中激进的一面，他是一位非常了不起的作家，当我得知他想让我为《美国人民》(*The American People*；右图，FSG出版社）设计封面的时候非常激动。这本著作呈现了美国历史中一个至关重要的时期。

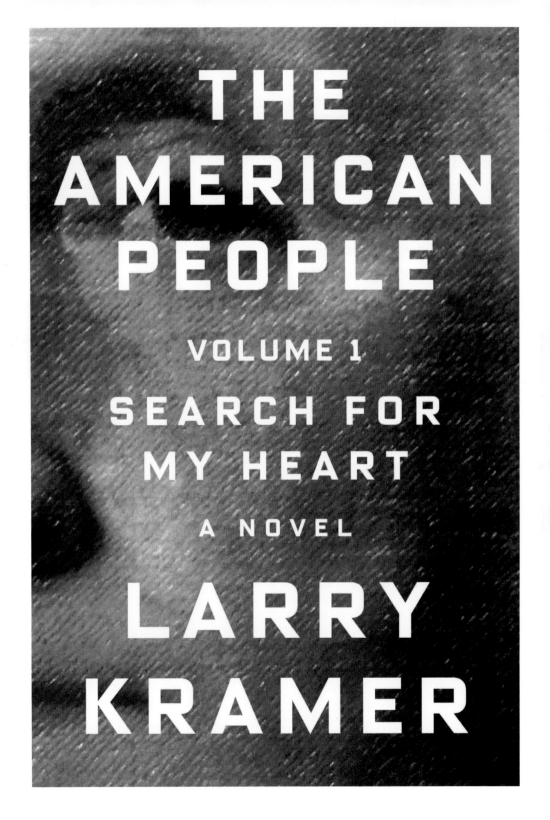

幸存的灵魂

对于埃利·威塞尔（Elie Wiesel）在他80岁经历心脏手术的回忆录（左图，克诺夫出版社，2012），我们想要一张独特的现代肖像作为封面。我首先选择的是阿尔伯特·沃森（Albert Watson）。我们无法承担他平常给出的报价，但我和阿尔伯特稍微有点交情，所以我想他可能有这个时间，愿意和诺贝尔奖获得者——《夜》（*Night*）的作者坐一坐。随后我联系了他，他时间允许，并且欣然接受这个提议。他在威塞尔先生位于曼哈顿的公寓拍摄了照片。这可能是作者的最后一本书，也很有可能是他最后一次拍摄肖像了。威塞尔的倒数第二本书，书名为《人质》（*Hostage*，右图，克诺夫出版社，2012），结合了卡夫卡和谢赫拉莎德的元素。本书讲述的是一个名叫沙提尔·费根伯格（Shaltiel Feigenberg）的无辜男性作家被绑架的故事。他被戴上眼罩，绑在一个阴暗地下室的椅子上。绑架他的人是一个阿拉伯人和一个意大利人，他们没有解释为什么可怜的沙提尔被绑架，他只知道他的命被用来换取三个巴勒斯坦囚犯的自由。从他被绑架的那天开始，沙提尔使出了最后一招，同时也是他最擅长的事——讲故事，讲给他自己，也讲给掌握他命运的男人们。

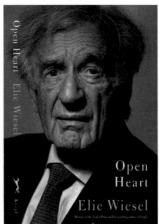

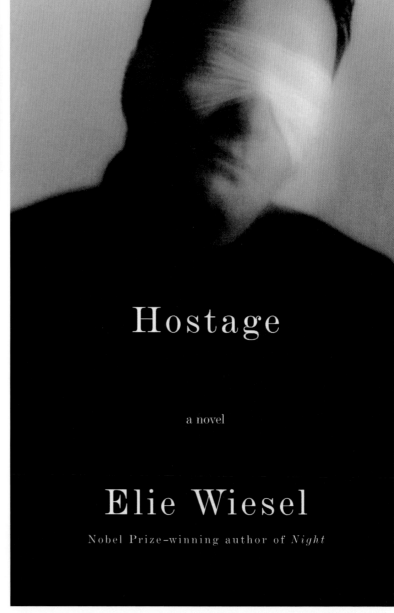

A 杰伊·坎特（Jay Cantor）构思了四个关于卡夫卡的生活故事，它们基于他密友和情人的讲述改编而成。我用蜡笔画了一幅肖像，但最终选择了另一个概念。

A

一号玩家准备

尽管我非常喜爱漫画和超级英雄,可我不是电子游戏爱好者。不过我完全可以理解其中的乐趣,汤姆·比塞尔(Tom Bissell)以高昂的激情和专业的见地创作了一本关于游戏文化的书(左图),并且他花了大量的时间在诸如"侠盗车手"(Grand Theft Auto)之类的游戏上。考虑到书名,我以他对游戏的如饥似渴为蓝本创造了一个拟人的形象,然后使用渐变的效果密集地在封面上排列。《回声狩猎》(Echo Hunt,右图)是多年前的一个设计,我几乎记不清相关细节了。这个封面看起来跟现在的美剧《黑客军团》(Mr. Robot)很搭配,我一直都在追这部剧。

A　Reality Games, 2012。
B　万神殿图书, 2010。

A

B

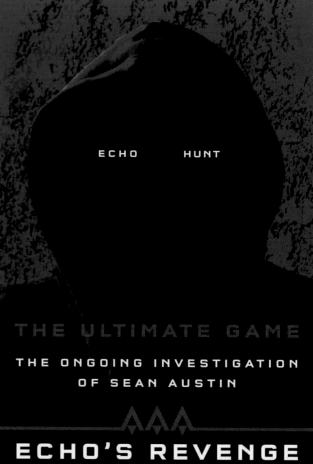

1992年起我就开始为彼得·凯里（Peter Carey）的书设计封面，我喜欢他写的文字和那些引人入胜的谜题，这些谜题是他为他自己设计的，某种程度上，也是为我设计的。我特别佩服的一点是：这些故事几乎没有相似或者雷同之处。《偷窃》（*Theft*，左图）讲述的是一个艺术品窃贼和伪造者的故事，摄影师杰森·富尔福德在我的指导下很专业地完成了常见搭建并拍摄了这组画面。

《失忆症》（*Amnesia*，右图）一书更加复杂。它是关于一种在世界范围内蔓延的电脑病毒，因此它的封面设计需要一个视觉形象去呈现逐渐传播的效果。这次也是从左向右，从左向右……

C　克诺夫出版社，2006。
D　克诺夫出版社，2015。

C

D

有本事的人们

A 克诺夫出版社，2011。

这些关于电影和电影制作人的书，给了他们重新审视自己和作品的机会，并再次呈现这一近百年来最有影响力、最复杂的艺术形式。理查德·席克尔（Richard Schickel）所著的《与斯科塞斯对谈》（*Conversations with Scorsese*，右图）的封面设计采用了一个很标准的排版，画面素材选用了这位大导演的一张非常经典的肖像，同时在书脊处以逐帧的形式表现了他在放映室的情形。

席克尔的《守护者们》（*Keepers*，对页左图）收录了他为《时代》杂志撰写的电影评论，这本书给了我更多的创作空间。我想表达出一种坐在电影院中观看制作名单的效果，于是我在封面上向《星球大战》的经典开场片段致敬，采用了类似的形式，让文字徐徐淡出你的视野。

市面上有很多关于马龙·白兰度（Marlon Brando）的书，给斯蒂芬·坎费尔（Stefan Kanfer）所著的《某人》（*Somebody*，对页右图）设计封面的关键是找一幅不那么常见的照片，然后展示其戏剧性的一面。

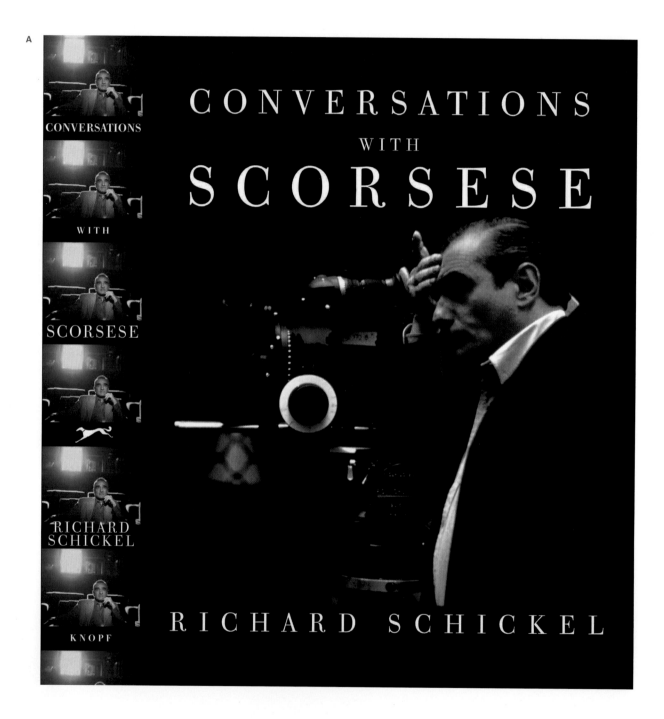

B 克诺夫出版社，2015。
C 同上。
D 克诺夫出版社，2008。

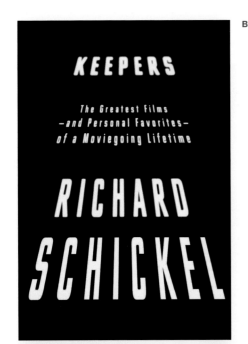

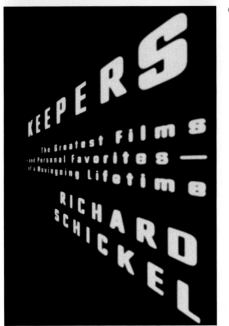

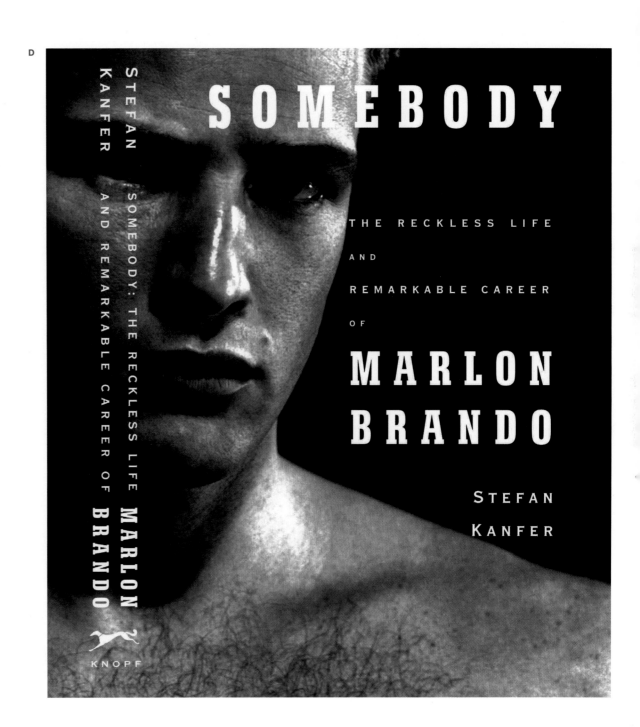

法国闹剧的四张面孔

好吧,我不得不说:从个人来说,我把17世纪法国剧作家莫里哀(Molière)与海登(Hayden)、鲍勃·迪伦(Bob Dylan)、罗伯特·克鲁伯(Robert Crumb)、艾伦·金斯伯格(Allen Ginsberg)、马蒂斯(Matisse)、托马斯·品钦(Thomas Pynchon)、吉米·亨德里克斯(Jimi Hendrix)归为同一类。也就是说,我尊敬他们,但我真的不是他们任何人的粉丝。但在我的工作中,表达某人的艺术并不代表你需要喜欢它;你只需要理解它并正确地运用就可以了。当然,尊重他们也是很必要的。在这个项目中,翻译家理查德·威尔伯(Richard Wilbur)肯定认为我喜欢莫里哀的作品(Theatre Communications Group, TCG 2010;2010;2009;2009)。

COOL IT

THE SKEPTICAL ENVIRONMENTALIST'S GUIDE TO GLOBAL WARMING

BJORN LOMBORG

热点话题

在《冷下来》(*Cool It*,对页左图;克诺夫出版社,2007)一书中,科学家比约恩·隆伯格(Bjorn Lomborg)用案例研究了大多数致力改善全球变暖的项目在经济上的浪费和不合理的使用。当你从左向右浏览时,我想让封面呈现从热到冷的变化。

给《纽约时报》(对页右图)专栏创作的画面,评价了保罗·莱恩(Paul Ryan)对安·兰德(Ayn Rand)态度的转变。

艾伦·艾伦霍特(Alan Ehrenhalt)研究了关于人们向人口稠密的城市地区转移的情况,下图是我的初次尝试。作者认为通过谷歌地图获得的布鲁克林区的布希维克的图片更恰当(右图;克诺夫出版社,2012),这个地区也是他书中的一个研究对象。

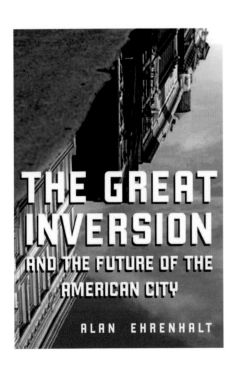

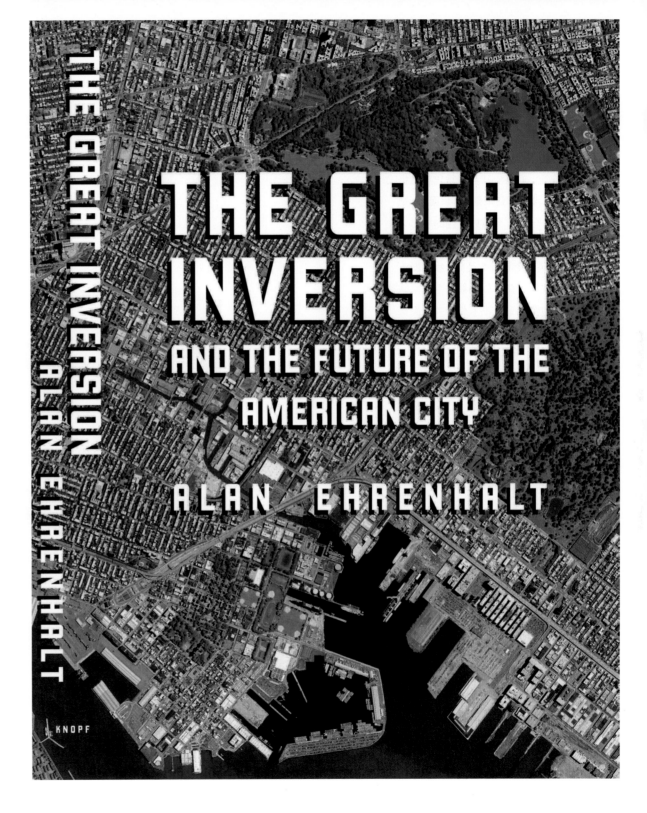

揭露故事

在小说《戴薇之城》(*The City of Devi*;左图,W.W.诺顿出版社,2013)中,马尼尔·苏里(Manil Suri)构建了一个在即将到来的核危机背景下的反乌托邦式的孟买社会。在这混沌之中,萨莉塔和扎兹,两个完全不同的灵魂产生了交集。在每一次艰难地化解危机之后,他们二人被引领到了戴薇·玛面前,她是传说中的守护女神,当谁拯救她的城市之时,她便会出现在谁面前。

我想戴薇应该是一个超级女英雄,我用城市本身作为她的伪装(左图),伪装之下才是她的真正面目(右图)。这个书衣作为书本面具的创意也被用在蝙蝠侠系列作品中。

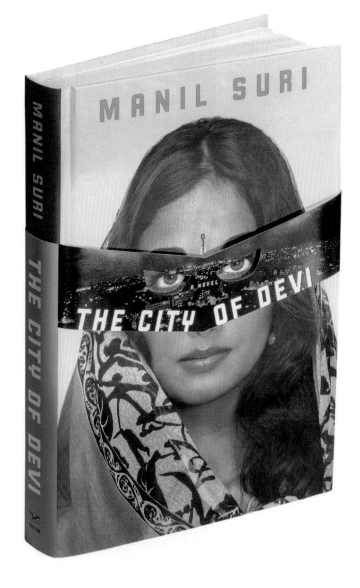

看不到。听不到。直到现在。

尼古拉斯·克里斯托弗（Nicholas Kristof）和雪莉·邓恩（Sheryl WuDunn）用他们的实际行动为更美好的世界而付出努力。他们通过人道主义调查和报道，以及他们的畅销书去证明利他主义可以积极正面地影响我们的生活。我很幸运可以参与到他们第三本和第四本书的设计中，分别是《天空的另一半》(*Half the Sky*，克诺夫出版社，2009)和《走的人多了，就有了路》(*A Path Appears*，克诺夫出版社，2014)。他们为这两本书提供了很多照片素材，让我的工作轻松不少。给《天空的另一半》做的设计简单而真实，这些被分成一半的女性面孔让人印象深刻。她们是尼古拉斯和雪莉在书中真实报道过的，因此她们的肖像出现在封面上。在多数情况下，女性是没有发言权的，她们只是被象征性地概括分类。这个设计的真正用意是，当你打开这本书，你会了解她们的故事，从而想到如何帮助她们。

对于《走的人多了，就有了路》的封面设计，我尝试了多种方案，最终画面（左侧中图）反映了两位作者主张从基层出发解决社会和全球问题。就像之前的封面，下方的人也会按照时间顺序出现在书中。

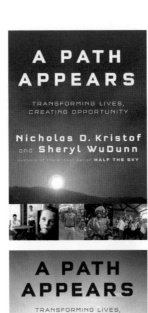
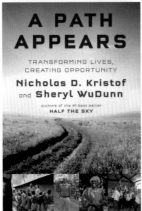

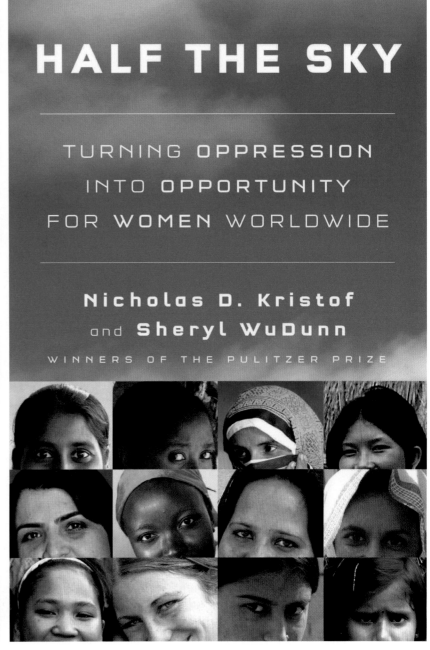

更好的角度

2003年,位于迈阿密南岸的沃尔夫索尼娅博物馆(这个国家最好的也是相对冷门的设计博物馆之一,赶紧去看看吧)开展了一个关于民主思想的设计邀请,鼓励全美国的设计师们重新演绎诺曼·洛克威尔(Norman Rockwell)从1943年开始创作的"四大自由"海报,这组海报用于推销美国战争公债,最终卖出了1.32亿美元。这四幅画作分别是《言论自由》(*Freedom of Speech*)、《信仰自由》(*Freedom of Worship*)、《免于匮乏的自由》(*Freedom from Want*)、《免于恐惧的自由》(*Freedom from Fear*),他们现在在马萨诸塞州的斯托克布里奇。这四大自由来自弗兰克林D.罗斯福(Franklin D.Roosevelt)1941年1月的"四大自由"演讲,演讲中他确立了人类最基本的权利,整个世界都应为之奋斗。四大自由也被载入大西洋宪章,并成为联合国宪章的一部分。

60年后,沃尔夫索尼娅让一组当代设计师在现在语境下思考这些自由的本质。它们是否一样?它们是否改变了什么?我决定以"自由不是放纵"为宗旨重新呈现它们,暗示它们不仅是赋予某种权利,更多的是日常中的滥用与放纵。如何去实现呢?我们来简单看一下:"言论自由"意味着你可以烧掉国旗,但出于何种目的?让我备受打击的是有些痛恨美国的人会做出类似的事。是的,你有权利这样做,但你想传递什么样的信息?"信仰自由"意味着随便以某个神的名义,你可以在道义上谴责任何与你价值观相左的个体,并且我们都应严肃对待。"免于恐惧的自由"代表着无论何种情况,你都可以射击或杀害任何你认为威胁了你的人,剩下的就让法庭去处理吧。"免于匮乏的自由"则引发了蔓延在全美国,名为肥胖的传染病,最终我们每个人都是受害者。我们只能靠想象去猜测FDR或罗斯福会为现在的美国做出怎样的建设了。

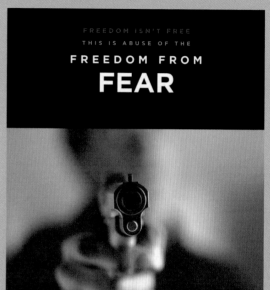
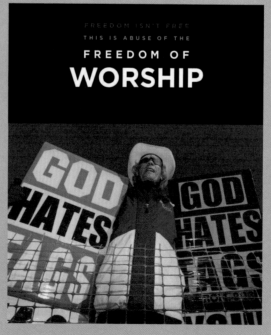

我很荣幸为最高法院大法官斯蒂芬·布雷耶（Stephen Breyer，右图）设计过不止一本书，他是位真正正直的绅士。分享一个有趣的事：他晨跑喜欢听法语原声朗诵的诗歌。

A 克诺夫出版社，2015。奥利佛·芒迪（Oliver Munday）设计。
B 克诺夫出版社，2010。

像木头那样堆积

斯蒂芬·莱特（Stephen Wright）所著的《波特卡舞曲》(*The Amalgamation Polka*) 讲述的是美国内战时期，一名叫利伯蒂·菲什的联邦士兵渴望报仇的故事。书中离奇的故事情节传递出一种疯狂的情绪，一直伴随着主角寻找他残酷的奴隶主祖父母。起初，我尝试使用历史照片（右图）来呈现一种没有生气而病态的气氛和象征，但这张完美对称的士兵照片（左图）似乎是更好的选择。这张照片也是那个时段留下来的，它有一种强烈的故事性蕴含其中，而且绝不是普通的故事。

A　克诺夫出版社，2006。

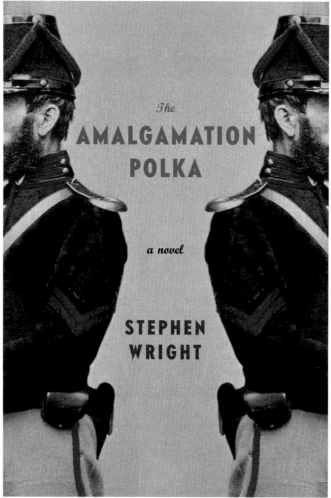
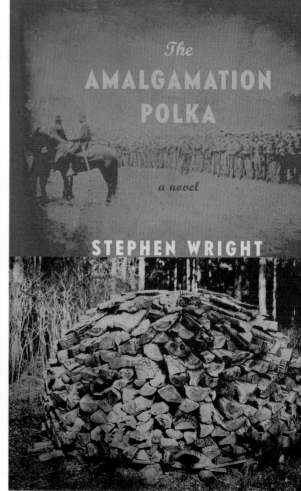

我们出版社内部对《革命的女儿们》(*Daughters of the Revolution*) 的描述非常到位:"古德学校位于怀尔德角的新英格兰小镇上。1968年,一次文件上的过失威胁到了这所颇具威望却苦于资金短缺的学校。经历了一个世纪的只招收男学生,这所学校意外地接收了第一个女学生:卡洛儿·浮士德。她是一位15岁黑人女孩,聪慧而坦率。她的到来立刻对学校和与之相关的所有产生了长久的影响。故事里有一位叫戈达德·伯德的玩弄女性的校长,他曾说'只要他活着就不可能有男女混合教育';EV是校长和情妇生的女儿,她见证了卡洛儿的成长;当然还有卡洛儿自己,在一个并没有准备接纳她的世界中,她忍受着作为第一个女学生所面临的巨大挑战。"

当我在《纽约客》(*New Yorker*) 看到这张伊利亚·格威(Elijah Gowin)拍摄的照片时想起了EV。它象征了教育解放的精神。

B　克诺夫出版社,2011。

人类VS自然

"我们最喜欢的红酒的标签上的画,看起来很像我的先生,他满怀热忱地从山崖冲下,离我而去。"

这段大胆的诗歌节选是关于莎伦·奥德(Sharon Old)破碎的婚姻,她失去了挚爱之人。其中的比喻非常明显,因此我让这次的封面尽可能地简单明了,并遵照她的意愿,发送给她的编辑德比·加里森(Deb Garrisson)。这本书后来获得2013年普利策诗歌奖。

亲爱的德比:

我这有一个鹿跃酒庄旧标签上的图案。我想他们现在瓶子上的是一只流线型的雄鹿,但我写与书同名的诗歌时看到的是这个旧的图案。

我想我应该写罗伯特·布里顿(Robert Britain),好消息是这本书会在9月完成,希望可以使用他家商标上鹿的图案(他是酒庄的拥有者)。我不确定是否应该问一下授权问题,还是应该直接告诉他这个好消息。封面我想采用卡伯纳·苏维翁(Cabernet Sauvignon)红酒的颜色,就是那种深邃的、略微暗淡的洋红色,并在中间搭配白色的雄鹿图案。我喜欢黑色,但是这个颜色用得上吗?

再往上是标题——《雄鹿之跃》(Stag's Leap),这里我依然想用上我挚爱的黑色,标题则选用复古且配有衬线的字体。标题下面是我的名字,使用同样的字体,不过要小一点。我希望卡洛,或者你们艺术设计部门的其他人,可以稍微做一个简单的样稿出来而不用投入过多。我不想让克诺夫出版社的钱浪费在没完没了的修改设计上面。

我理想中的封面是像勃艮第酒一样的红色,并点缀些黑色和白色。我已经不再像原来那样痴迷耀眼的金黄色了。

爱你的,
莎伦

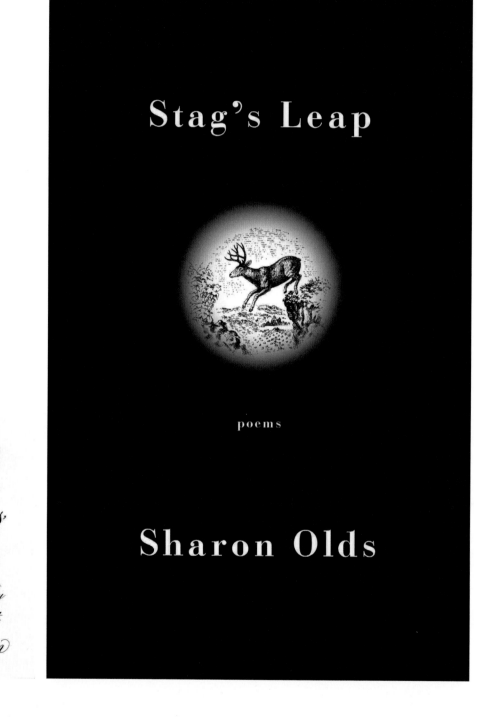

128

Chip Kidd : Book Two

A 克诺夫出版社，2006。

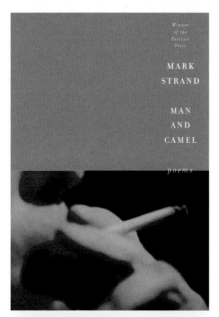
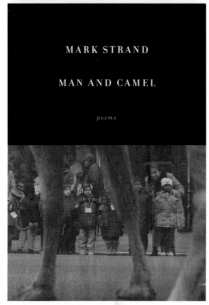
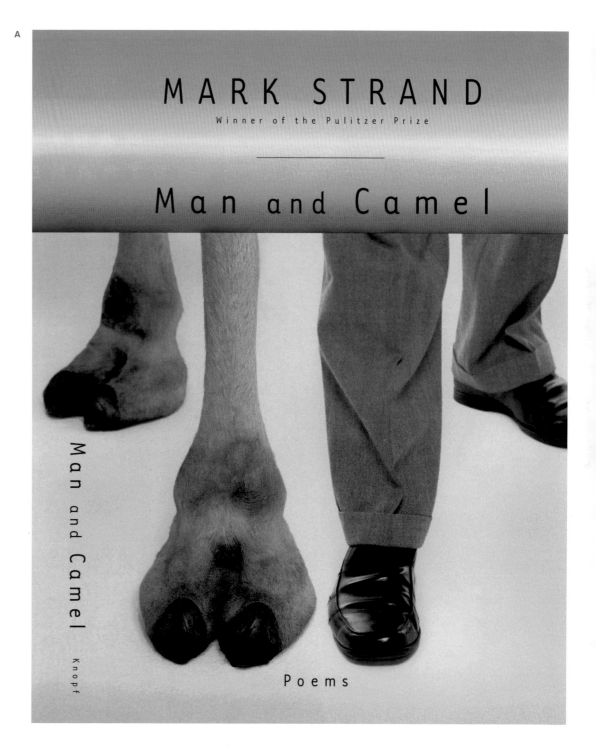

A

多面的斯特兰德

由于克诺夫出版社,我通过诗人马克·斯特兰德(Mark Strand)写出的作品和他的朋友桑迪·麦克拉奇(Sandy McClatchy,我的先生)认识了他。《人与骆驼》(*Man and Camel*,前页)是我为他设计的第一本书,我非常希望最终的设计能被采纳。我又出镜了,这次是我的脚(我说的是右边那只,谢谢!)。不过我最喜欢的设计是有香烟的那个,可惜的是作者本人并不认同。好吧。

《近乎隐形》(*Almost Invisible*,左图)的封面设计初稿选用了马克的一幅蒙太奇作品(右图),然后做进一步抽象化处理(对页中图),但他认为这个设计不能打动他。之后我看上了这张文森特·拉夫瑞特(Vincent Laforet)从空中拍摄的照片,在这一张照片中展示了位于曼哈顿上东区罗斯福路的两个不同结构层次,视觉效果非常棒。

A 克诺夫出版社,2012。

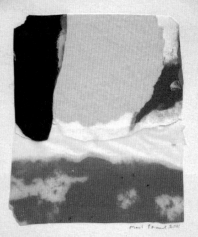

对于《诗歌选集》（*Collected Poems*）的封面设计，我尝试了几个不同的灵感（左图），但马克想使用索尔·斯坦伯格（Saul Steinberg）创作的《是的，但是》（*Yes, But*），我们可以拿到这张插画的使用权，我们也觉得画面效果不错。这是他人生中出版的最后一本书了。

B 克诺夫出版社，2014。

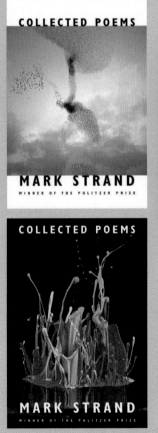
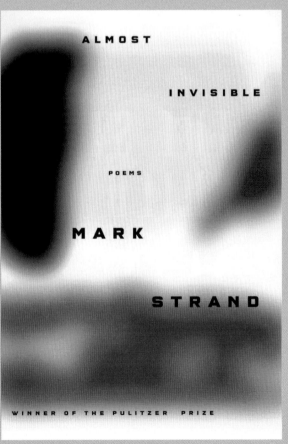
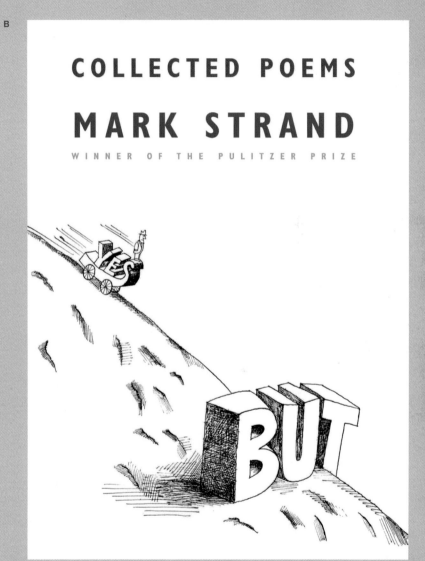

Stranger's Child）讲述的是一位名叫塞西尔·范尼斯（Cecil Valance）的英国作家，他参加了"一战"并在战争中死亡，在他离开之前写了一首传遍全城的诗歌。达芙妮·莎乌列和她哥哥认为他们自己是诗人倾慕的对象（实际上她哥哥起到的作用更为重要），他们留下去追寻诗人的事迹，让他的传奇人生变得更有意义。

我第一次设计的封面过于复杂了，画面上有一个代表塞西尔的剪影，达芙妮的肖像则嵌入其中，背景以"一战"的壕沟为主。整体色彩比较协调，但所传递的内容太多了。

这幅尤金·斯派克（Eugene Speicher）未完成的画作（右图）挂在桑迪的公寓已经好多年了，有一天晚餐时我在思考封面的设计，我目光掠过这幅画的时候突然意识到，"等一下，这不是塞西尔吗？"作者和编辑都很赞同，这幅未完成的画作传达出的迷人而朦胧的感觉与这本书非常般配。

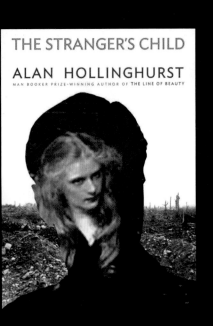

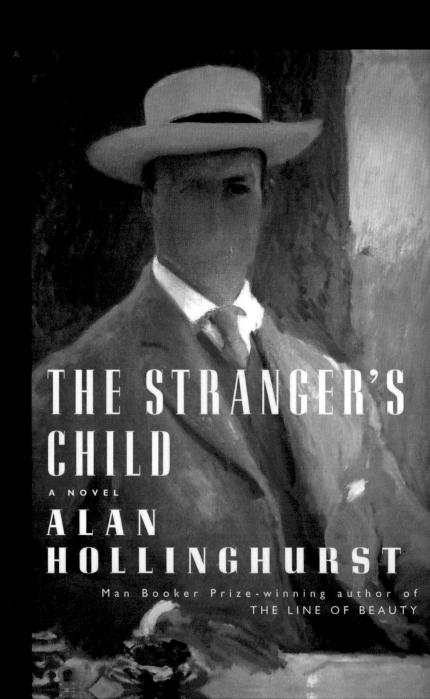

任璧莲（Gish Jen）一直在写第一代亚裔美国移民如何适应这里的生活。《世界与小镇》（*World and Town*）讲述的是发生在位于新英格兰瑞弗雷克小镇的故事，这个昏沉的镇上新来了一家柬埔寨移民。我在康涅狄格州的斯托宁顿拍了这张照片（左上图），当时的天空中恰好出现了非常美丽的日落光景。最终的封面设计（右图）植入了一种文化包含另一种文化的概念。

A 克诺夫出版社，2011。
B 克诺夫出版社，2010。

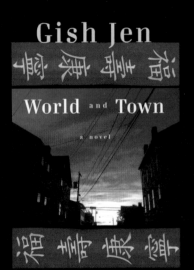
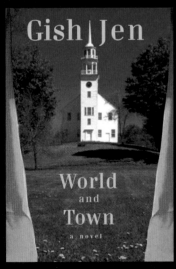
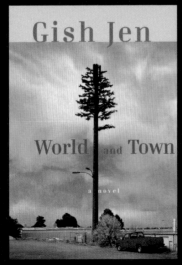

海鲜&牛排

在吉姆·林奇（Jim Lynch）创作的小说《边境之歌》（*Border Songs*）中，经常会从鸟类的视角出发观察这个世界，这也让我有机会将艺术家佛尔顿·福特（Walton Ford）以狂野自然为主题创作的图画用于封面设计。他很愿意提供帮助（对页右图）。克诺夫出版社的艺术部门知道这个人很多年了，我们给他安排的第一个封面插画任务是塔基亚娜·托尔斯泰亚（Tatyana Tolstaya）1989年写的小说《金色拱门上》（*On the Golden Porch*），他当时还是一位自由职业插画师。

A　林奇最近的一部小说，讲述的是一个家庭围绕着帆板竞技运动的故事。克诺夫出版社，2016。

B　早期使用冲切技法裁出孔洞的设计，呈现了用双筒望远镜观鸟的概念。

C　克诺夫出版社，2009。

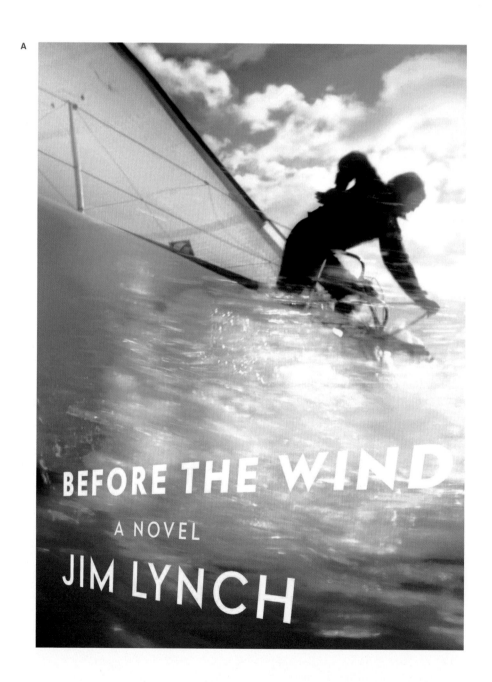

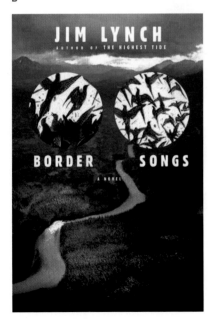

B

C

奇普·基德的设计世界:
关于村上春树、奥尔罕·帕慕克、尼尔·盖曼、伍迪·艾伦等作家的
书籍设计故事

毛糙的肖像

2006年电影《皮相猎人》（Fur）由两位著名演员主演——小罗伯特·唐尼（Robert Downey Jr.）和妮可·基德曼（Nicole Kidman），这还只是豪华阵容的一部分。这部电影基于摄影师黛安·阿勃丝（Diane Arbus）生命中最关键的一段时光，她当时回绝了很多想使用她作品的请求，也拒绝了其他形式的赞助，她的人生实在是非常、非常奇妙。

影片的开端是1958年黛安（基德曼饰）与她丈夫艾伦·阿勃丝（泰·布利尔饰）在纽约过着非常普通的生活，她丈夫是一位富有皮货商的儿子。他们公寓一次偶然的下水管堵塞（被皮草堵住了！）让她认识了住在楼下的邻居莱内尔·斯维尼（小罗伯特·唐尼饰），一个患有多毛症的人。从此她进入了一个充满异装癖、侏儒和其他稀奇古怪的社会边缘人士的世界。后来她决定为这些人拍摄照片，自此开始了她传奇般的摄影人生。尽管真实情况并不是这样，但是这就是电影的魅力不是吗？而且副标题那里还有那么大的"虚构"字眼。

在影片的高潮部分，莱内尔让黛安把他全身的毛剃掉（别问那么多），她用一把剃须刀照他的盼咐做了。因此我从个人收藏中选了把剃须刀作为海报主体（右图），由乔夫·斯佩尔完成拍摄。

A

B

A 和小罗伯特·唐尼在电影第一次的放映会上。他是很酷的一个人，而且已经签约出演《钢铁侠》。

B 这组预热海报在纽约市张贴了一段时间。传播效果很好。

宣传海报中我使用了"一对打颤牙齿玩具作为主要视觉元素（左图），由乔夫·斯佩尔拍摄，他们很喜欢这个创意。

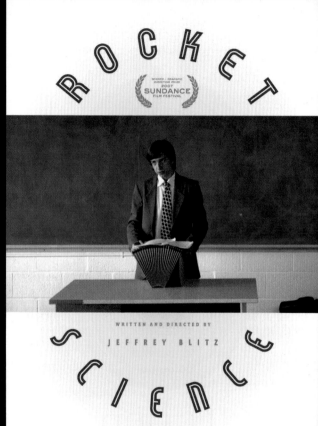

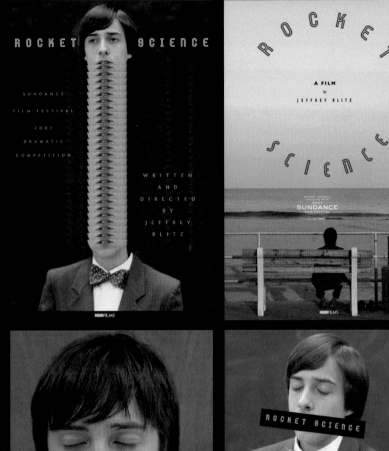

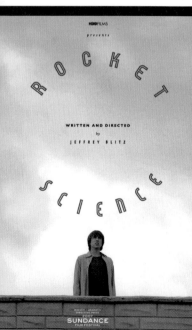

超音速

我接了两个有意思的项目,一个是来自我家乡宾夕法尼亚州的雷丁交响乐团(Reading Symphony Orchestra,RSO,右图),另一个是来自纽约大都会歌剧院总监的委托(对页图,克诺夫出版社,2006)。RSO的设计项目是为他们做一个LOGO以及一张海报以庆祝机构成立100周年。与怀念过去相比,我更喜欢看向未来。

为约瑟夫·沃尔普(Joseph Volpe)的回忆录设计封面给了我一生中唯一一次(到目前为止)与传奇摄影师安妮·莱博维茨(Annie Leibovitz)合作的机会。或者更准确地说,是在她工作时在一旁观察。编辑雪莉·温格(Shelley Wanger)很了解这位艺术家,而且安妮很欣赏沃尔普先生,她也想拍摄大都会歌剧院,因此欣然接受(老天知道我们付不起聘请她拍摄的费用)。于是在一个美好的下午,我坐在歌剧院的后排看她工作。整个流程比我想象的要轻松自由,安妮以整个舞台为背景,没有增加额外的道具或搭建。现场只有安妮,她的一名助理,一台相机。她效率很高,似乎有无穷的精力,尝试了歌剧院内的多个拍摄角度,而且一点没有端架子。经过几个小时的拍摄,她获得了满意的成果,在最后一张照片中,作为幕后人员也独具意义,可以暗示观看者从参与者的角度了解这本书所讲述的内容。

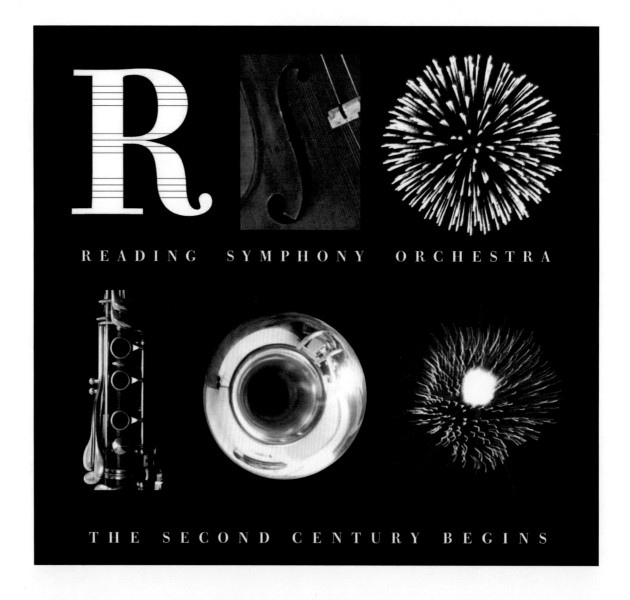

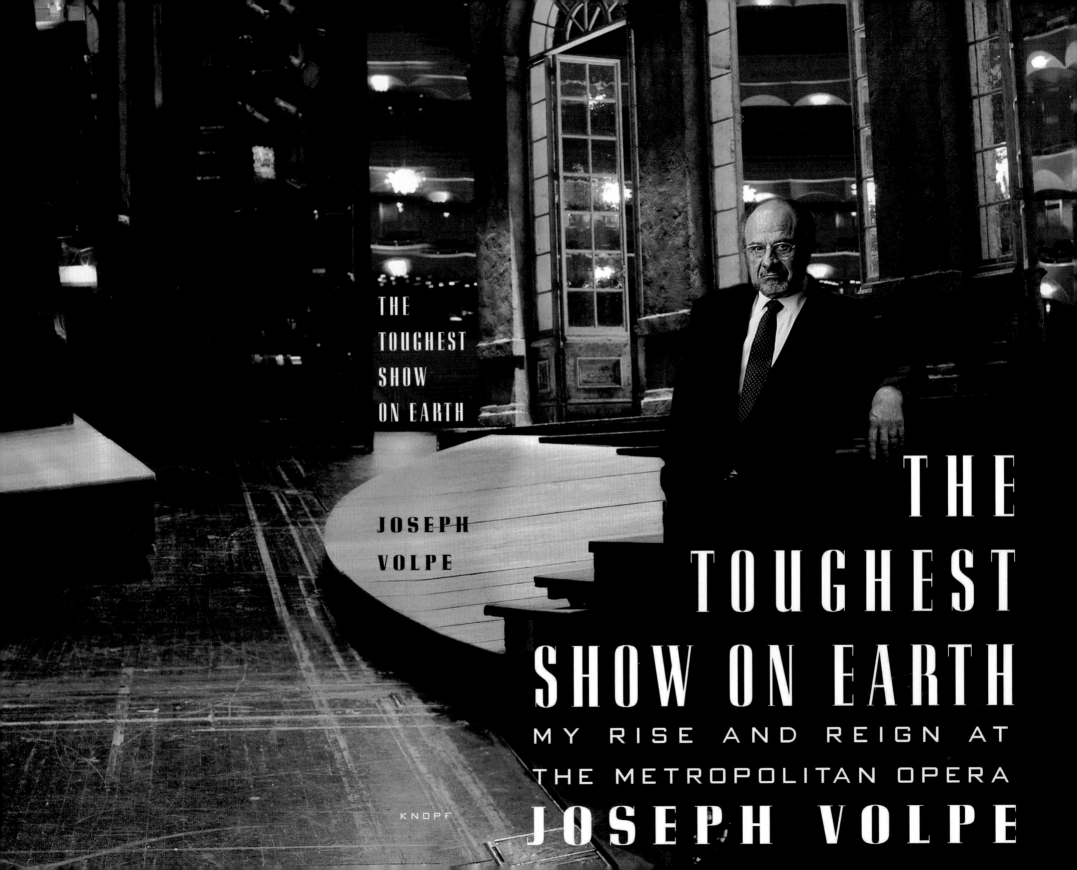

光耀加拉西

| A | 克诺夫出版社，2012。 |
| B | Omnidawn出版社，2010。 |

我的好友乔纳森·加拉西（Jonathan Galassi）不仅是克诺夫出版社的作者，他恰好还是法勒-斯特劳斯和吉鲁出版社的主编，这家出版社是克诺夫出版社虚构文学领域的主要竞争对手。这在出版行业很少见，但这并没有让他们有什么优待。加拉西先生在人生的后半段宣布出柜，这也是他的诗集《惯用左手》(*Left-Handed*) 主要讲述的内容。现在我也是左撇子同性恋了，但对于这本书的封面我还是没有理想的设计，我尝试了很多次（下图），每一次都巧妙地使用"有东西从左边过来"的概念，但乔纳森认为它们缺乏想象力。我最终找到了这张图片（右图），玻璃中反射出有个人慵懒地躺在床上，画面充满了不确定性、希望、决心，以及大城市的暗流涌动。

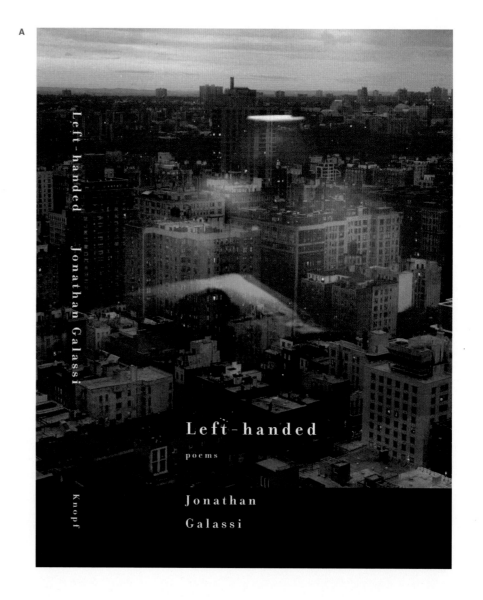

A

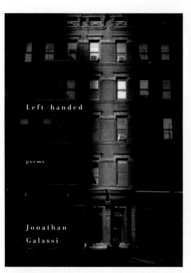 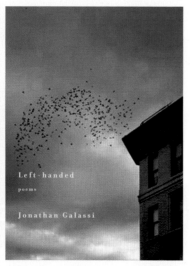

宇宙级的骚乱

我重新设计了安娜·拉比诺维茨的末日主题诗集《现在时》(*Present Tense*，左图)，新封面使用哈勃望远镜拍摄到的照片，配上扭转效果的字体设计，传递出宇宙中螺旋的视觉幻想。

《水星逆行》(*Mercury in Retrograde*，右图) 是保拉·佛朗契 (Paula Froelich) 创作的小说，她所担心的问题多少有点过于现实 (纽约的职业记者早期就要面对的中年危机)，但我依然想使用另一张通过哈勃望远镜拍摄的照片，并与一张扭着嘴呈同样形状的照片并列排放，她书中的角色就很有可能摆出这种表情。我发现当我的提案被驳回时，会做出同样的表情。

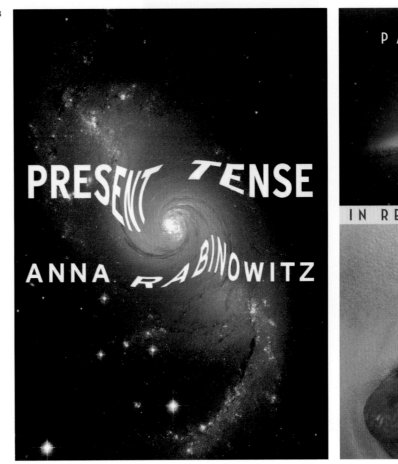
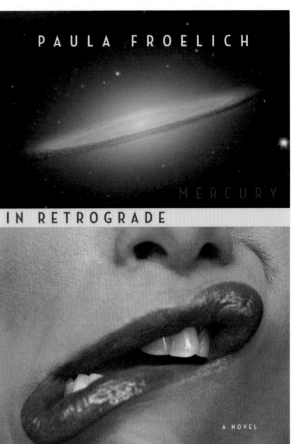

他们的生活很重要

关于种族歧视的书籍主题和设计在视觉方面需要特别小心谨慎,尤其在当今的社会大环境下。我为《简单的公正》(*Simple Justice*,左图)设计的封面被驳回了,我挺惊讶的,因为这个设计"顾虑的太多"又不够"宏大"。也许他们是对的,但我的设计想用视觉上的区分传递出"我们"与"他们"对抗的概念。其中白色占据了封面大部分空间,与之相对的是小部分黑色区域,里面包含了书本信息。我参与的另一个项目(右图)就走运多了,这是关于发生于20世纪90年代初的臭名昭著的"中央公园跑步强奸案",其中五位西语裔美国黑人被判定有罪,但最终免于处罚。最近我在《纽约客》杂志上看到摄影师内森·哈格(Nathan Harger)拍摄的一组纽约中央公园树木的黑白照片,这些照片令人震撼,它们很适合这个主题:它们可以被当成受害者被侵害时的模样,这些树也可以被理解为极其复杂的司法系统下无辜的人被错误地定罪。

A 克诺夫出版社,2011。
B 同上

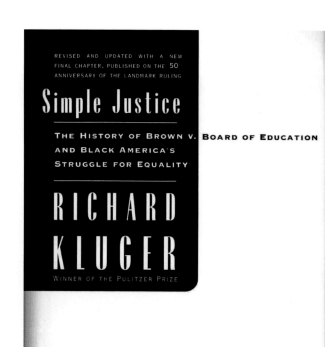

A

亨利·"Skip"·盖茨（Henry "Skip" Gates）著的《在这些国家的生活》（*Life on These Shores*）是一本非常学术的插图书，讲述了非裔美国人在美国的生活，这本书也带来了克诺夫出版社里任何人都没有经历过的挑战。所有人都喜欢我设计的第一版封面（下面左图），那是我们在销售会议和亚马逊网站上呈现的封面。

几个月之后，就在我们准备印刷的时候，亨利·盖茨的助理在网上发现了一本非常相似的书（下面右图，还是亨利·盖茨认识的人创作的），而且比我们早一个月出版印刷。我们不得不临时作出应对。我觉得两只眼睛见证历史比一只更好，还有一个重要的概念就是我把国家的颜色从红白蓝变成红黑蓝（右图）。我不敢保证是否有人察觉到了这个改变，或者真的有人发现这一点而没什么反应。我本以为这个设计很有创意，但无论是图书经销商还是读者，对颜色都不太敏感。

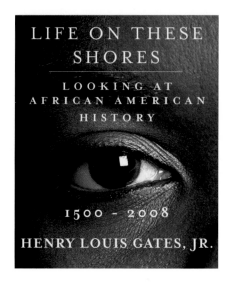
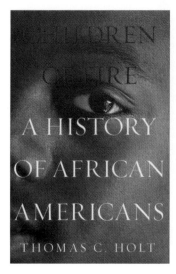

B

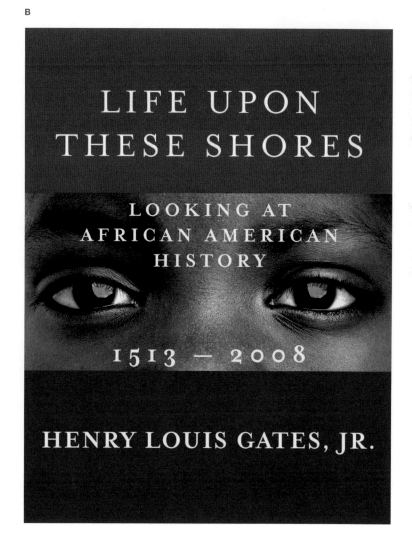

海报大会

海报和书籍封面的作用非常相似,它们都是用来吸引你的注意,然后把你引向之前忽略的某个活动或者想法。有时它们只需要在视觉上很吸引人,只要它传达特定的信息,有着确切的目的,那这就是一张好的海报。

2009年,狄波拉·波特(Deborah Porter)组织了第一届波士顿图书节,同时让我为此设计海报。我看过很多地区性图书相关集会的视觉设计,但是没有一张海报整合了聚会的具体地点和地图。因此我做了一个小装置,由乔夫完成拍摄。我没有使用波士顿传统元素,比如豆子或者三角帽;我只想突出这座城市中的书籍。

我为我参与的美国平面设计师协会达拉斯分会(AIGA Dallas)创作的海报(右图)则更为开放;这是一张"艺术海报",而且也会有一个丝网印刷的限量版本。我在电脑里找到一张我早期创作的草图(下图),其中我把Futura字体和Bodoni字体做了交换。这是一个只有很了解字体设计的人才能看懂的玩笑,不过即便观看者没有领会这点,它看起来还是很有设计感。

我认为吉尔·格林伯格（Jill Greenberg）是一位很有才华的摄影师，尤其是她创作的孩童的肖像和动物的照片（下图），她的作品非常适合我亲爱的克诺夫出版社的前同事斯隆·克罗斯利（Sloane Crosley）撰写的那些诙谐文章。斯隆同意采用她的作品，但最后选了一只熊而不是我给出的那些建议。我当然没有什么问题，每个人最后都很满意就行，只是我更喜欢我选的这些。不过我们究竟是怎么得到这个号码的？

A
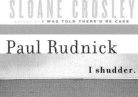
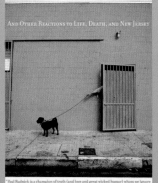
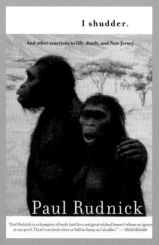

看看这个

保罗·鲁德尼克（Paul Rudnick）和大卫·塞得里斯、奥古斯丁·巴勒斯是我共事过的最有意思的三位作者。保罗的作品集《瑟瑟发抖》（*I Shudder*）主要讲述的是他的亲戚们如何形容和表达那些令他们反感和害怕的事物。保罗有一个怪癖，他特别喜欢吃Peeps品牌的棉花软糖（有一篇文章专门写了这点）。于是我买了一袋并布置好它们，乔夫完成了拍摄。也许你知道，或者不清楚，这些甜腻粘牙的化学制品被模具塑成一排，好像抽象的小鸡一个挨着一个紧密地排列。我最初的想法是拍摄密密麻麻的一大片糖果，但在我们完成布置之前，乔夫五岁的儿子杰特趁我们不注意偷偷吃了一个。真是狡猾的小鬼。但这恰好提供了另一种思路：这些紧张多疑的"小鸟"待在那里，然后画面的潜台词是"哇哦，谁会是下一个呢？"又一个愉快的小意外。嗝。

A 两个早期未被采用的设计稿。我特别中意右边那对来自自然博物馆里的尼安德特人，他们（以及杰特！）最终被放进保罗·西蒙（Paul Simon）的 *Surprise* 专辑里。

B 哈珀出版社，2009。

149

早安，J.J.

A

2010年8月，我接到了一个来自派拉蒙影业的女性打来的电话。她操着一口很有礼貌的英式发音，稍微带有一点不悦。"你真是一个很难找到的家伙。"她的意思是在我的网站和Facebook主页上都没有留下电话号码或者邮箱地址。是的，没错，但我的理由是，虽然有些自以为是，如果真的有人需要联系到我，他们肯定会有办法的。显然做到了。"我可以帮你做什么"我问她。

然后我与J. J. 艾布拉姆斯（J. J. Abrams）建立起联系，但是为时尚早。当时他的制片公司坏机器人（Bad Robot）与派拉蒙影业一起筹划第一部浪漫喜剧作品——《早间主播》（*Morning Glory*），但问题是J. J. 联系我是想让我帮他们做市场营销。我有点受宠若惊，但显然这已经超出了我的能力范围。此外，这部电影的演员阵容非常耀眼，比如瑞秋·麦克亚当斯（Rachel McAdams）、哈里森·福特（Harrison Ford）、戴安·基顿（Diane Keaton）。这让我有点紧张。我之前为电影设计海报的经验不是很丰富，而且仅限于小众电影（《火箭科学》138–139页；《皮相猎人》136–137页）。但是如果J. J. 喜欢我的作品，愿意让我试一下的话，我是不会拒绝的。然而我显然是后来才被选中的。这部电影将在11月上映，而且网上已经发布了预告片。这让我又紧张了一分。我被带到派拉蒙影业纽约办公室去观看这部电影，然后我收到了大量明星的照片和素材。此刻我倍感压力，但我深吸了一口气，决定找到一个突破口。比如策划一系列预热广告。

"What's the story?"

www.morningglory.com

我脑海中一直闪现出绿洲乐队的"What's the story morning glory?"于是我想以此作为主体做两种全屏海报,画面中字母的颜色象征着日出。我把这个想法告诉了J.J.,他立刻回复说他很喜欢这个灵感。我继续朝这个方向设计。

A　2014年9月19日,我在《原力觉醒》(*The Force Awakens*)的拍摄场地,松林制片厂,伦敦。我给J.J.展示我13岁时制作的星球大战瓶贴图册。

B　小部分电影棚拍的样片。我觉得它们可以使用,但需要转变成黑白照片,只有文字部分是彩色的。

C　早期尝试,上面的文字是我随意编辑用作草图的。

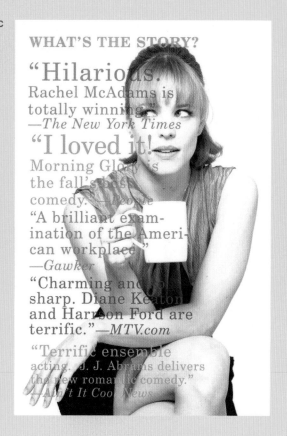

这部电影由三个小故事组成：《玛丽·泰勒·摩尔秀》（*The Mary Tyler Moore Show*）、《广播新闻》（*Broadcast News*）、《工作女孩》（*Working Girl*）。瑞秋·麦克亚当斯扮演剧中的贝琪·富勒（Becky Fuller），她是一个叫"早安新泽西"的当地新闻广播的制作人。影片一开始，她被无缘无故地解雇。在她递出了无数份简历后，出乎她意料地收到了来自纽约广播机构大咖IBS的面试邀请，职位是收视率堪忧的早间节目"黎明"的执行制片。IBS的领导人杰瑞·巴内斯（Jerry Barnes，杰夫·高布伦饰）极不情愿地聘用了她，并告诉她迟早会失败。"多谢你的照顾，杰瑞！"这个节目陷入一种恶性循环当中，彻底在排名中垫底。贝琪上任后做的第一件事是炒掉了这个节目糟糕的男主持人，他的女搭档科琳·派克（Colleen Peck，戴安·基顿饰）觉得早该这样做，节目

A 基本主题确定之后，整个设计需要做出多种模板，当然也包括广告牌的设计。

B 最终版的广告画面之一。这可是位于洛杉矶落日大道的广告牌，宝贝儿！

A

Rachel McAdams　　　Harrison Ford

"What's the story?"

PARAMOUNT PICTURES PRESENTS A BAD ROBOT PRODUCTION A ROGER MICHELL FILM RACHEL McADAMS HARRISON FORD "MORNING GLORY" DIANE KEATON　PATRICK WILSON JEFF GOLDBLUM

整体效果也有所提升。由于需要另一位主持人,贝琪偶然地发现新闻记者中的传奇人物麦克·波默里(Mike Pomery,哈里森·福特饰)依然跟公司签有合约,拿着不菲的薪水,实际上却没做什么事。贝琪决定主动出击。麦克当然不答应,直到贝琪说服他在法律上他负有这样的责任。麦克很不高兴。科琳也是,她瞧不起他这个人。欢乐的现场直播就这样开始了(YouTube上有预告视频,搜索一下看看你是否也这么认为)。这部剧有一系列关于天气预报员的恶搞内容,当然还有其他有趣的梗。但我最喜欢的部分还是贝琪想尽办法来挽救这个节目。为此,她不得不想出一个又一个办法。尽管有的不是很有效,但大多数还是起到了关键作用。这就是这部电影吸引我的地方;它跟平面设计师的生活也有许多相似之处。

B

我的想法是,即便在你不知道这部电影的情况下,《早间主播》的这些海报也可以作为"黎明"节目的广告宣传。后来想想虽然时间非常紧迫,风险也不小,但整个过程却无比顺利。这是我和派拉蒙影业的首次合作,这次合作非常愉快,再次感谢J. J.的参与。最重要的是,在这次合作之后我们成了要好的朋友。

A J.J.的字体实验(别问我为什么,我也不清楚,但他用笔确实很娴熟!),他在练习本上尝试了不同的字体。他拍了这张照片以便让我在这本书中使用,我想说电影如果进展得不顺利,他肯定有备选方案。

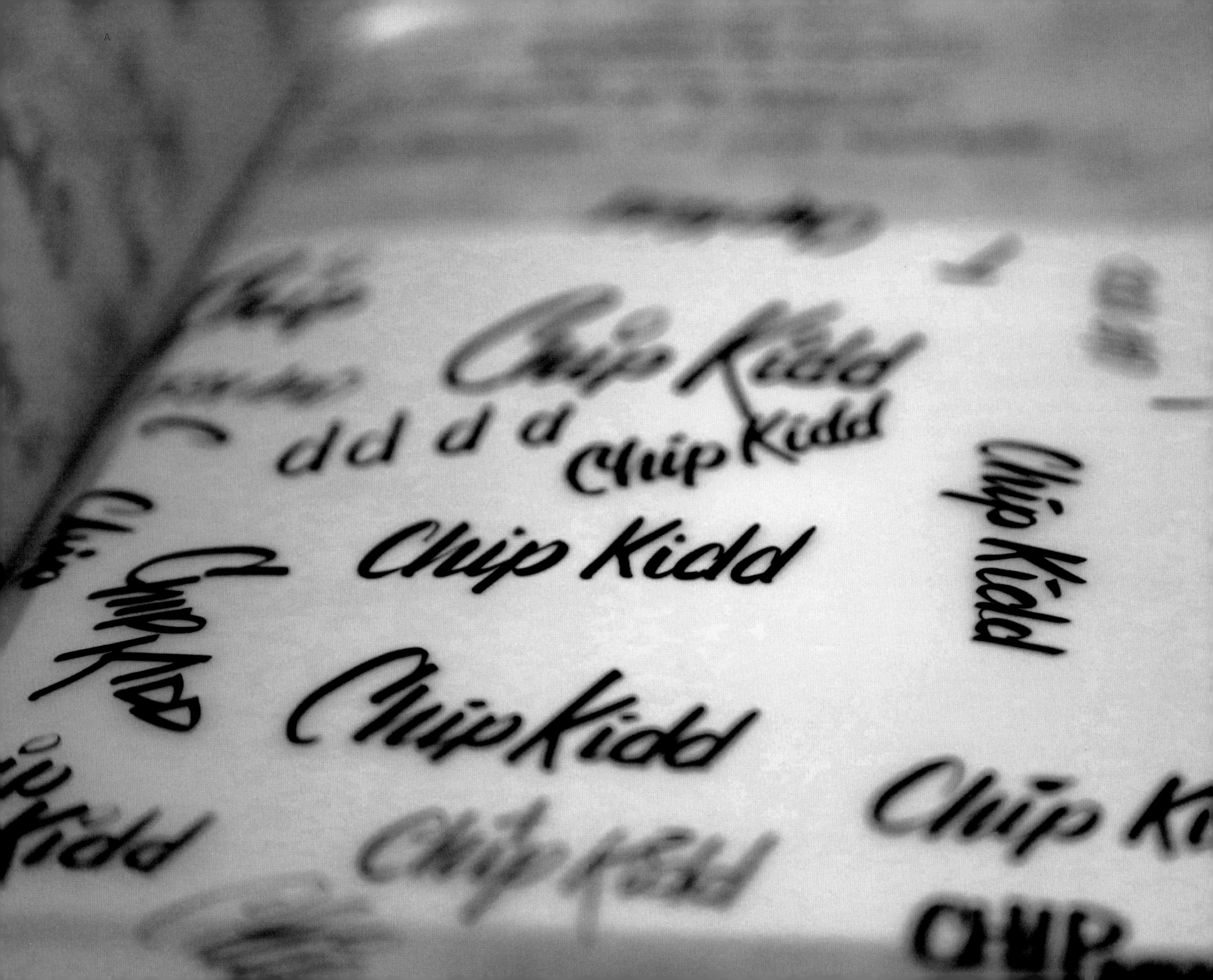
Chip Kidd
Chip Kidd
Chip Kidd
Chip Kidd
Chip Kidd

掠夺的艺术

我们已经在一起21年了，为我先生J.D.（桑迪）麦克兰奇的书设计封面在我看来是一种，你懂的，挑战。嘿，太容易岂不是很无聊，对吧？相信我，这次一点都不无聊。

《墨丘利的穿着》（*Mercury Dressing*，右图）就像字面上的意思一样，不管怎样，这是一本关于主神墨丘利穿上衣服的故事。有个周末，在照片经销商保罗·阿马尔多（Paul Amador）位于东汉普顿的家中，我注意到一本体育摄影的书放在他的咖啡桌上。在那本书里我找到一张惊艳的照片，照片中的船员正在美国杯帆船大奖赛上更换船帆。就是它了，这张照片的氛围、主题和内容的契合度都很完美，这就是我想要的。

在桑迪的诗歌选集《掠夺之心》（*Plundered Hearts*，对页左图）封面设计过程中有一件很有意思的事。桑迪和文森特·戴瑟德瑞欧（Vincent Desiderio）在20世纪90年代早期曾一起在佛蒙特州艺术中心执教，在他们共事的那段时间成了好朋友。桑迪非常欣赏文森特的作品，特别是他创作的经典壁画《沉睡》（*Sleep*），这幅作品描述了一群看似毫无关联的人以不同的姿态，裸体地并排躺在一张非常宽敞的床上。桑迪提议使用这张作品，然后文森特的画廊给了我们使用权……

A 桑迪在工作室的肖像照，斯通·罗伯茨（Stone Roberts）2013年摄于康涅狄格州斯托宁顿。

B 克诺夫出版社，2009。

"侃爷"（Kanye West）也特别喜欢这幅作品，两年后他在MV"Famous"（右上图）中致敬了这幅画。文森特大方地允许使用并拒绝了任何经济上的补偿。

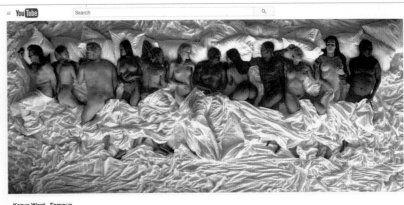

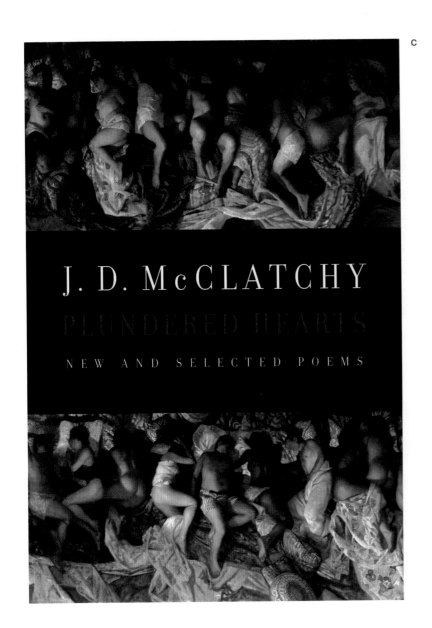

C

D

C　克诺夫出版社，2014。

D　桑迪的下一本书，*Sweet Theft*（Counterpoint出版社，2016）。我自己拍摄了封面。到目前为止，Yeezy尚未宣布购买我拍摄照片的版权，但我觉得还有戏。

157

把结系紧

尽管我们都很支持婚姻中的权利平等,但经过多年的相处,桑迪和我都觉得我们的生活和这个权益没什么关系。我们都真诚对待彼此,并这样相处了近20年,我们的家人也认可我们的关系,有了这些不就足够了吗?

直到同性婚姻在纽约的合法化,我们的思想才有了转变,在税收上有一些优势,更重要的是对这种关系在社会上的认可与接纳。2013年11月,我们在纽约市政厅举办了一场小型婚礼。克里斯·韦尔为我们的婚礼献上了一对值得我们永远回味的木偶(左图),这两个可爱的小玩意儿有着精美的上色和巧妙的绳结。

接下来发生的事真正地打动了我们。我们在《纽约时报》上宣布了我们结婚的消息,有一个叫伊迪斯·凯丽(Edith Carey)的小女孩,她8岁了,她妈妈萨拉·斯科拉罗夫(Sara Sklaroff)把这条消息读给她听。伊迪斯看过我的书《我想和你谈谈设计》(Go,见279-281页),她特别喜欢,后来给我寄了对页的那封信。我有点不知道该说什么,我曾为下一代人身上的人道主义精神深深疑虑(老实说,确实有些问题),但她的所作所为让我不再困扰。

由衷地感谢你,伊迪斯。

∗ ∗ ∗

Dear Chip Kidd —

So, this might seem a bit odd, but my daughter fell in love with your book, and then I saw your wedding in the Times, and showed her, and she sat down and made you this!

Thank you for your extraordinary book, and congratulations!

Sara Sklaroff
(mom of Edith Carey)

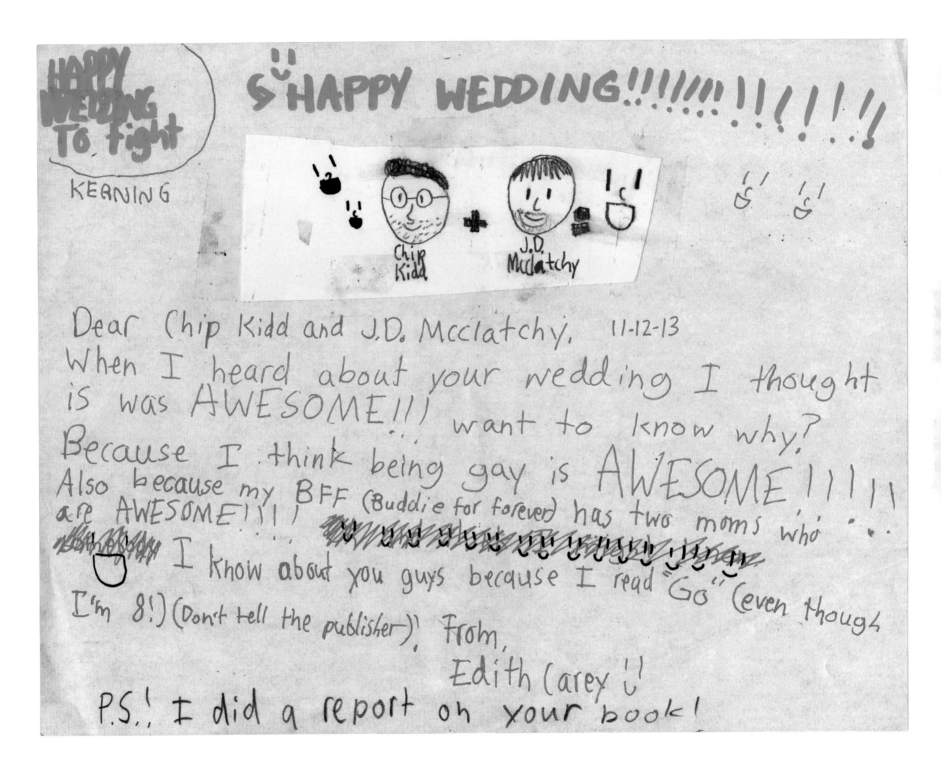

世界上最好的人

说到克里斯·韦尔,请别怨我多展示几幅他职业生涯早期创作的私人作品。对页的小玩意儿一直让我感到很惊奇,同时我也不禁深思他真的不是一般人。这是一个便利贴,3英寸×3英寸,经过上色并剪裁成他的超人形象飞过城市上空,以作为2005年留宿在我公寓的答谢。它很娇贵,因此我小心地把它放在玻璃展示盒中保护起来。很多年以后,我才注意到大楼黑色的窗户上写的是"THANKS, CHIP!"

A 为了庆祝我50岁生日,克里斯也像其他人一样送了我礼物。他用木头雕刻了50个我的头,并按照不同的年龄精心上色,像水果糖那样包装了起来。

B 桑迪和我出现在《时代周刊》杂志关于阅读的栏目中,就在左上角。

A

B

瞧瞧这个

如果说艾伦·摩尔（Alan Moore）是漫画界的列夫·托尔斯泰，那《守望者》（Watchmen，1986）就是他创作的《战争与和平》，上百万的粉丝，其中包括电影制作人特瑞·吉列姆（Terry Gilliam，他用了很多年时间尝试将这部作品改编成电影）都对此有很高的评价。当然我也在其中。

自打他自己的漫画项目搁浅之后，摩尔仍然心怀期望。那是20世纪80年代末期，他的发行商DC漫画出了问题，好像是越过了原作者的权利。显而易见，这些问题无伤大雅，不过对销售的商品比如守望者徽章或腕表稍微有些影响，摩尔和另一位创作者戴夫·吉布斯（Dave Gibbons）无法从这些商品的销售中获取应得的报酬。如果这是真的，那这真是现代漫画史上对雇佣条款的错误使用，最令人惋惜和不应该发生的案例之一。DC公司应当对此负责。当然也不是在为摩尔说好话，他试图跳出超级英雄的框架模式，出现在他眼前的却是现代企业文化的枷锁。

A　书脊上是艾伦·摩尔的肖像，我为作者的传记设计的。照片由José Villarubia拍摄。Universe出版社，2011。

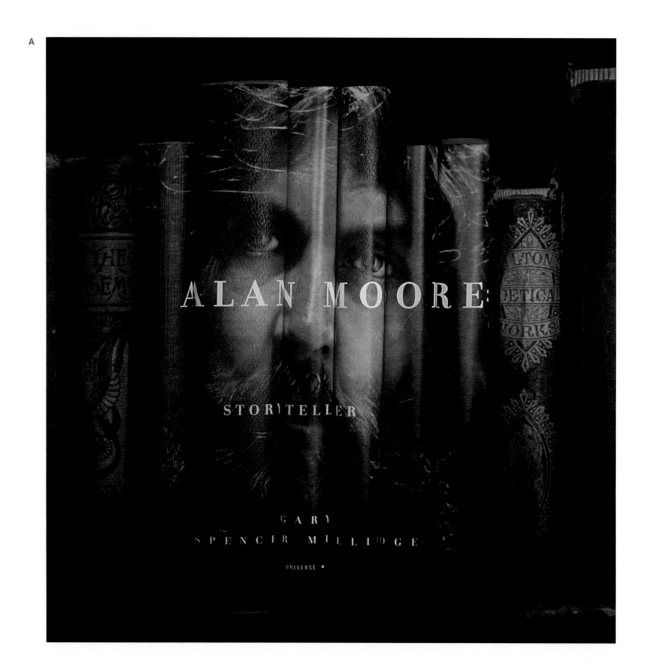

A

不过这些都是我自己的推测,当戴夫·吉布斯2007年联系我设计《守望者》系列漫画创作过程的艺术画册时,我没理由拒绝。但是这类项目都有一个关键问题:真的有必要做这样一本书吗?不久我就有了肯定答案,戴夫保存了所有稿件——艾伦的草稿和笔记、素描、试色稿、服装设计、效果图、缩略图——基本囊括了这套漫画的所有内容,但都是未完成的、最初的概念和艺术设定。我觉得挺好的,有件事虽然不是很关键但我却很想知道:艾伦本人会不会不喜欢这本书,或者反对出版?戴夫向我保证他不会的,但在这本书中,艾伦除了提供那些原始素材并没有过多参与。我决定加入,随后我邀请合伙设计师,也是我的朋友麦克·艾斯(Mike Essl)一起参与这个项目。我们的成果最终成为《见证守望者》(Watching the Watchmen)这本书,于2008年由泰坦图书(Titan Books)出版。

右图是第一次封面设计尝试,选择了漫画中罗夏(Rorschach)这一角色,画面中他拿着一枚滴血的笑脸图案徽章。这是艾伦一开始就很反感的所谓"官方"原创的标志之一,因此这个方案没能通过。此外,泰坦图书把乔夫·斯佩尔从这个项目踢出去了,这着实让我有点不愉快。他们的理由是所有画稿都在英国,没有把它们送到美国的保险费用这部分预算,因此他们需要找一个英国本地摄影师去完成所有拍摄。我想成片出来的效果可能不是很理想,并把我的意见告诉了他们,可惜没人理会。我们不得不根据现有的条件去工作,但如果你比较一下的话,这么说吧,与任何乔夫在花生图书(Peanuts Books)中的作品相比,差别显而易见。

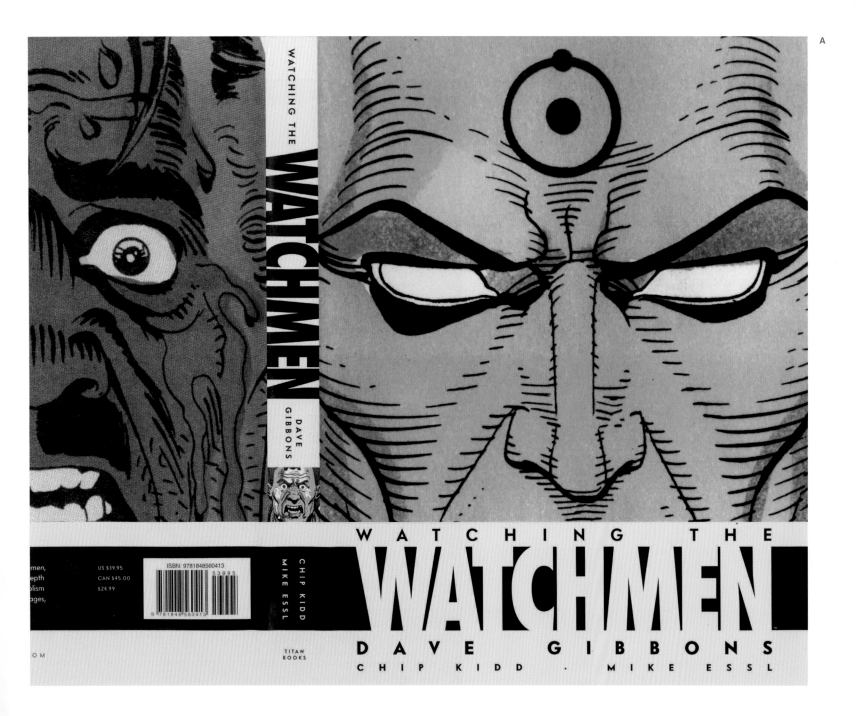

A 《见证守望者》最终版的封面、封底与书脊。正面使用了曼哈顿博士（Dr.Manhattan）的彩色稿，书脊是没戴面具的罗夏，封底是一脸绝望的笑匠（Comedian），全部由戴夫·吉布斯完成。泰坦图书，2008。

B 如果艾伦·摩尔没有因为我设计《见证守望者》的封面而小看我的话，2014 年我设计了《守望者前传》（Before Watchmen）的封面后就不好说了。这部有争议的短篇作品讲述的是故事主要人物成为守望者们之前的那段时光。

C 《守望者前传》封面的变体版本（任何受欢迎的系列作品都有这种变体封面的设定，见我为《多元聚合》设计的封面，264-267 页），我负责设计罗夏#3 的封面。创作过程特别欢乐。乔夫负责拍摄，我戴着手套抓住自己那张惊恐万分的脸。画面通过罗夏佩戴的面具呈现出来，让你身临其境地感受他正在恐吓坏人（也就是我！）。

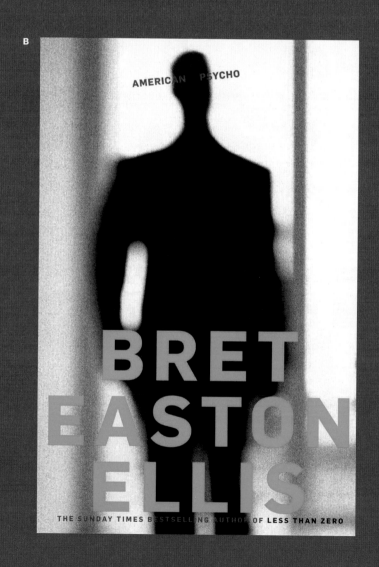

A 我重新设计了《零下的激情》(Less Than Zero),被英国的骑马斗牛士出版社采纳,新版的封面加入了红色牛皮纸,更具视觉效果。

B 我一直想为《美国精神病人》(American Psycho)做设计,有了这次重新设计的系列,我终于有了机会。除了红色的字体,我想在封面上避免任何关于血液的元素或暗示。骑马斗牛士出版社,2011。

C 克诺夫出版社,2010。

卧室的眼睛

《皇家卧室》(*Imperial Bedrooms*)是布莱特·伊斯顿·埃利斯(Bret Easton Ellis)职业生涯中的代表作品《零下的激情》的续篇,歌手埃尔维斯·科斯特洛(Elvis Costello)也出过同名专辑。故事里依然是第一本书中的那些角色,时间是25年以后,主角也还是克莱(Clay),他现居洛杉矶,是一名作家兼电影制作人。在棕榈泉一个骄奢淫逸的周末,有人把他和撒旦联系在一起。我偶然间发现克里斯托弗·安德森(Christopher Anderson)在南美拍摄的一场驱邪仪式的照片(下图),看起来非常适合这本书。摄影师给了我授权让我对这幅作品进行裁剪,我把画面中的主体人物凸现出来,然后我发现只要把作者名字相对放大一些,就不用把书名缩小到12号字,并通过巧妙地安排位置让它足够清晰。这个排版引起了布莱特在英国的出版公司的注意,他们把我加入布莱特再版书目录的设计师名单中(对页右图)。

独一无二

当你赢得了国家传播设计奖（National Design Award for Communication，见214-215页）的时候，你就要负责设计库珀·休伊特（Cooper-Hewitt）博物馆的年度假日卡片，它们是史密森学会（Smithsonian）在纽约的一个分支机构。那时（2008年）我觉得艺术家麦克和道格·斯塔恩（Mike and Doug Starn）拍摄的雪花照片非常合适。

可以想象拍摄这样的照片很不容易，即便是现在我也不清楚他们是怎么做到的，但整个作品很震撼，可以说这才可以被称为是真正的大自然的设计。数十年来我一直很推崇他们二人的艺术作品，但这是他们施展才华的全新领域，并且慷慨地向国家设计博物馆授予了作品使用权。

想出来了！

说到美国国立博物馆（Smithsonian），他们想为博物馆杂志做一个封面设计，以表彰美国独创奖（American Ingenuity Awards），该奖项为一年中最棒的想法和灵感设立。

在这个时代，我知道用一个点亮的灯泡代表一个想法实在是太过时了，但我想对灯丝的形状进行一些改变，让它更具体，以此使整个画面不再平淡无奇。乔夫·斯佩尔一如既往地来帮助我。我原来逛跳蚤市场的时候，经常可以看到20世纪20年代到30年代的老式灯泡，里面的灯丝有着各种各样的形状，比如米老鼠的形象，或者鲜花、星星、动物等。我从没见过美国地图形状的灯丝，我想这回肯定用得上。

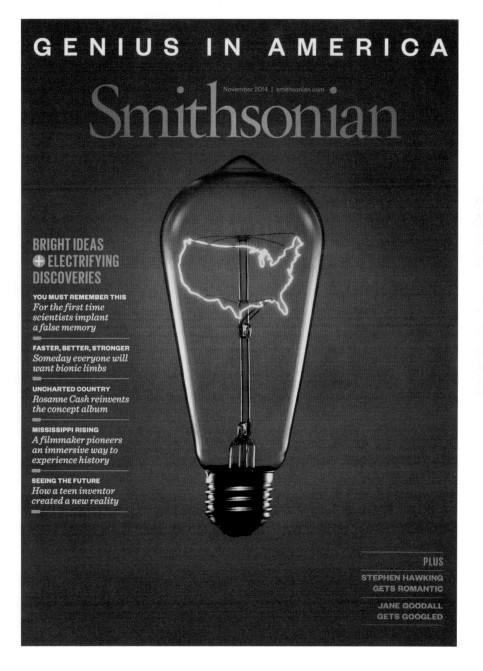

鲜血与极简

小说家詹姆斯·艾尔罗伊（James Ellroy）一直以来都是我的好友兼同事。他2004年的小说《背叛》（*Perfidia*，左图）讲述的是1941年12月7日的珍珠港事件对生活在洛杉矶的日裔美国人造成的影响。当然故事还包括对一起凶杀案的调查，由一位洛杉矶警察局的日裔美国警探负责。可见故事情节有多复杂。

为Vintage出版社出版的詹姆斯短篇小说集平装本《好莱坞夜曲》（*Hollywood Nocturnes*，右图）重新设计的封面，这次破例使用了"飞溅的血液"元素。至少"内脏"那部分出现在这张20世纪50年代电影海报的其他位置（不会告诉你是哪部电影的），所以我只是从中截取出我想要的素材。

A

B

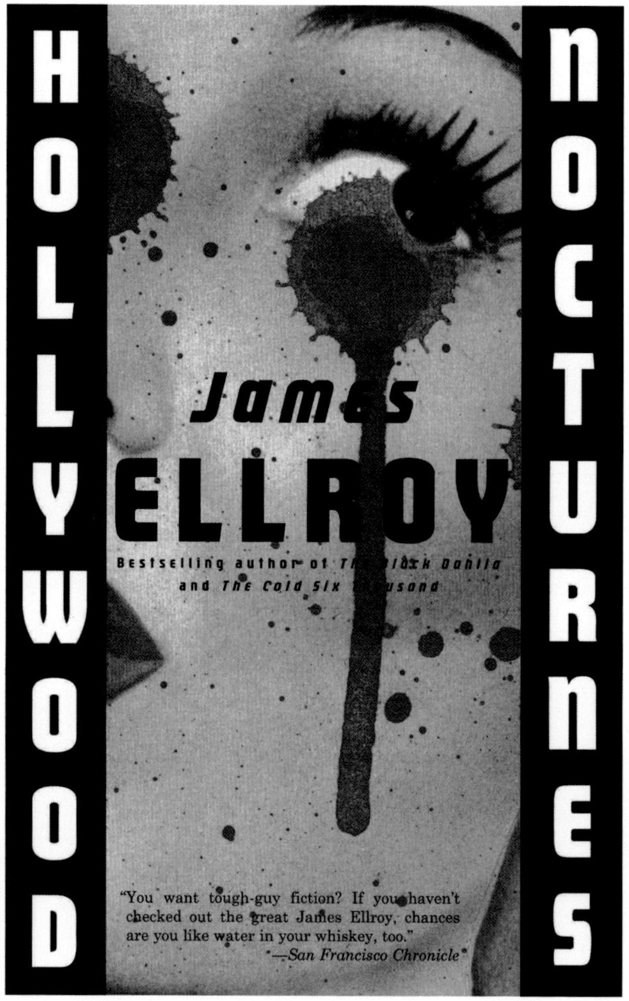

《血之车》（*Blood's a Rover*，右图）是詹姆斯在洛杉矶创作的经典作品之一，既然书名中出现了"血"字，那我就不用在封面中体现了。摄影师琼·内森（Jean Nathan）给我打了第一通电话，然后在恰当的时间里出现在我的办公室，并给我展示了她的拍摄作品，成功地获得了我的关注。这张在洛杉矶市中心的某个交叉口行驶的汽车照片感觉很到位，红色尾灯产生的拖影巧妙地影射了流动的血液。这是张完美的照片，我们只需调整下细节，让它看起来像故事中的年代。詹姆斯当然知道这个十字路交口以及那里的变化。比如说，那个宾馆的名字现在有些模糊，不过却不显得突兀。

A	克诺夫出版社，2014。
B	Vintage出版社，2007。
C	克诺夫出版社，2009。

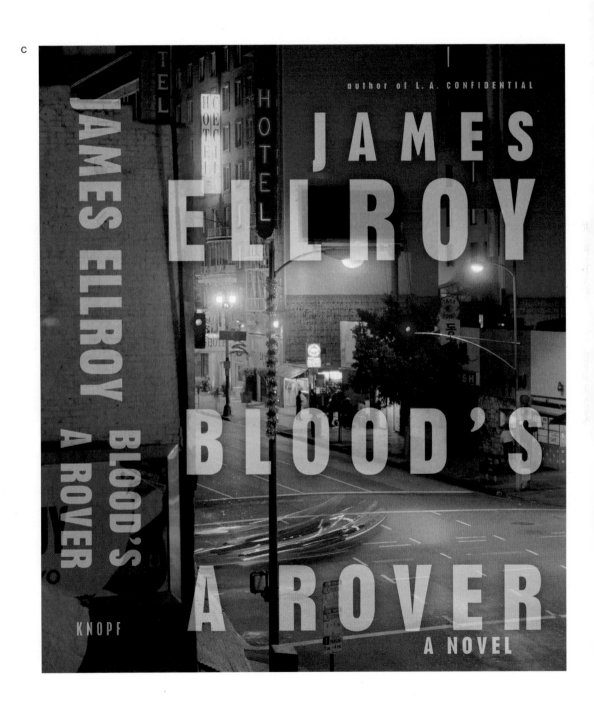

C

奇普·基德的设计世界：
关于村上春树、奥尔罕·帕慕克、尼尔·盖曼、伍迪·艾伦等作家的
书籍设计故事

永远铭记

劳伦斯·莱特（Lawrence Wright）开创新的纪实文学《塔影魇楼》（*The Looming Tower*）讲述了一系列事件最终导致2001年9月11日发生的那个悲剧，做这个项目我遇到的问题是：这个事件最有代表性的符号是什么？展示世贸大楼的残骸显然不是问题的答案，这个形象已经使用过太多次，而且令人痛心（见50–51页）。经过不断地发掘，我找到了答案，就是那份包含了所有相关人的全世界范围通缉名单（右图）。

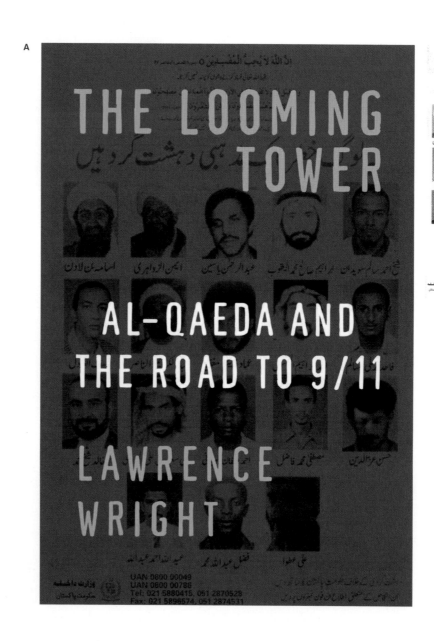

《恐怖年代》(*The Terror Years*)一书收纳了怀特近年来撰写的关于恐怖主义在过去二十年间的变化。图片来自2016年中东的一档电视节目。

右图是《时代》杂志一个未被采用的设计,原本用以总结21世纪的第一个十年。多年来我一直想实际采用这个想法,但没有合适的项目。就在这个设计即将执行的时候,他们担心读者可能会觉得自己手里的这份杂志在运送途中受损了,然后产生投诉。确实是糟糕的十年……

A 克诺夫出版社,2006。
B 克诺夫出版社,2016。

……但《时代》杂志另一个项目的情况则好很多。下图是同一期杂志头条新闻的一张插图,回顾了2000年到2010年发生的重大事件。"最具影响力100人(Time 100,对页图)"是"财富500强(Fortune 500)"的衍生品,它看重的是寻找那些有影响力的新事物,而不是获得财富的多少。我觉得答案很明显:我把100个封面汇总在一个封面内,然后以此做了一个示意草图(对页左下图)。但我还有个更大胆的想法(对页左上图),我想调转《时代》杂志的LOGO。我知道这个设计有点冒险,他们确实也选择了对页右边的封面。但他们很欣赏这个提案,并且编辑团队一直为这个大胆的设计四处游说。给客户一些选择的权利没什么坏处。

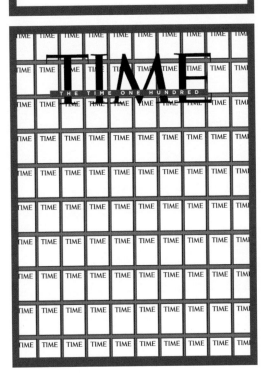
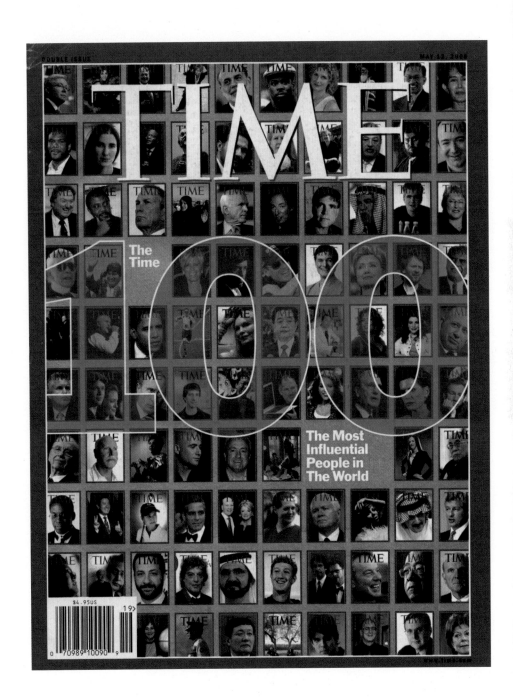

神性作者与美妙散文

《连线》（Wired）杂志有一个科幻文学企划，他们让作者创作像欧内斯特·海明威（Ernest Hemingway）经典的六字小说"转卖：童鞋，全新。"那样的小故事。他们计划去招募这样一批有才华的作家，并让我设计宣传画面。我的设想是既然故事这么短，那它们可以出现在书脊上，因此我把它们打印出来，使它们缠绕在书本上，最后由乔夫对着这一摞故事拍摄。就是这样（采用了与波士顿图书节的海报设计同样的方法，那个案例中书脊上是地图，见146页）。我稍微动了点手脚，我把我和乔夫的故事悄悄放在了艾伦·摩尔的下面。

罗伯特·莱特（Robert Wright）所著的《神的演化》（The Evolution of God）的评论和这本书本身对于众多信徒而言有一个共同点，那就是"神的愤怒"这一概念相对不再那么严肃。我是说，你看看本书评论中的第一句。

尼古拉斯·布雷克曼（Nicholas Blechmann）是我的老朋友了，他当时是《纽约时报书评》的艺术总监，我们一起负责这个项目。我的初步设想是用照片呈现天神正在发射黄色毛绒雷电（对页左中图）。这个效果不好，它过于直白通俗，就像有个人在自家后院玩那种金黄色塑胶软头玩具枪一样。

这个概念没问题，只不过表现方式不理想。我们的时间不多了，因此我必须想出一个有效方案，而且我得自己画出来（对页左下图&右图），使这个闪电状气球看起来更贴合主题。这个案例很明显地对比了摄影和插画的不同功能，以及带来的效果。你可以在它们中找到恰当的视觉信息。

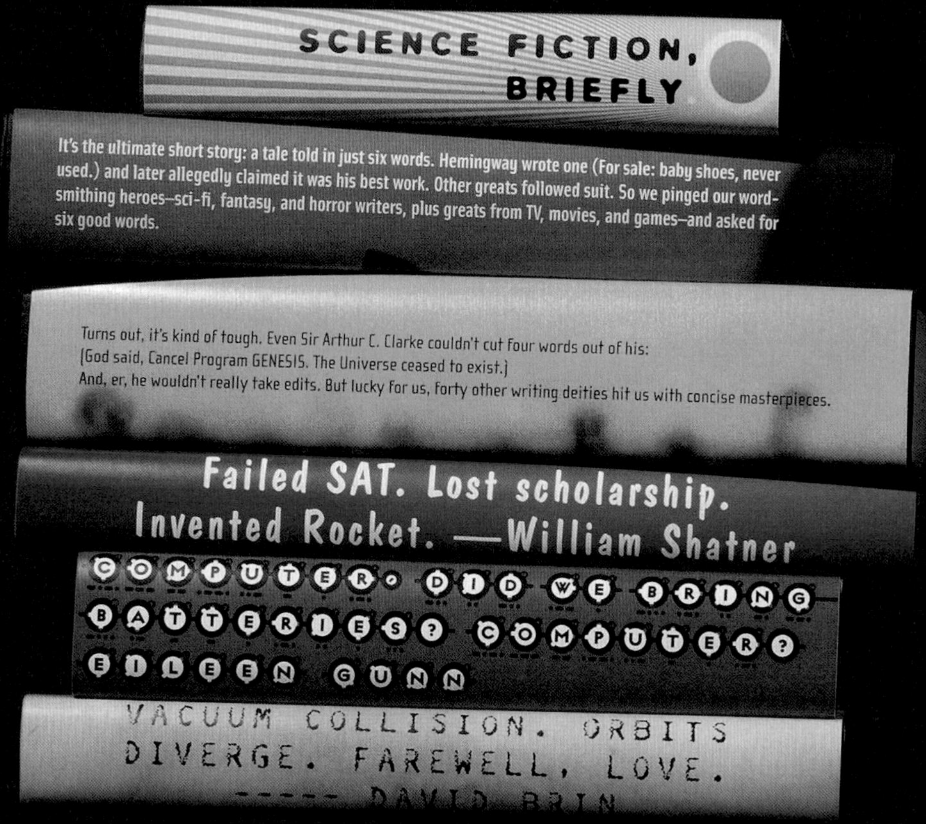

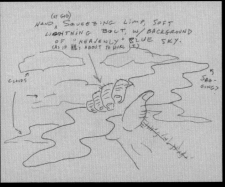

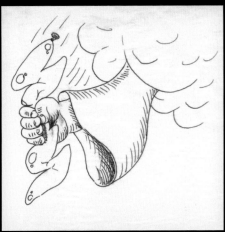

The New York Times
Book Review

June 28, 2009

Copyright © 2009 The New York Times

No Smiting

By Paul Bloom

CHIP KIDD

THE EVOLUTION OF GOD By Robert Wright. 567 pp. Little, Brown & Company. $25.99.

God has mellowed. The God that most Americans worship occasionally gets upset about abortion and gay marriage, but he is a softy compared with the Yahweh of the Hebrew Bible. That was a warrior God, savagely tribal, deeply insecure about his status and willing to commit mass murder to show off his powers. But at least Yahweh had strong moral views, occasionally enlightened ones, about how the Israelites should behave. His hunter-gatherer ancestors, by contrast, were doofus gods. Morally clueless, they were often yelled at by their people and tended toward quirky obsessions. One thunder god would get mad if people combed their hair during a storm or watched dogs mate.

Continued on Page 6

DAVID GATES: ALEKSANDAR HEMON'S NEW STORIES **PAGE 8** | CALEB CRAIN: AT WORK WITH ALAIN DE BOTTON **PAGE 9**

把手举起来！

另一个通过插画来完成设计的案例是我2008年春天接到的，我为我最喜欢的乐队The Police设计告别巡回演唱会的T恤。这个设计任务来自吉他手安迪·萨默斯（Andy Summers），他以为我认识，或者有办法联系上罗伯特·克鲁伯。哎，我多希望我认识他，很可惜不是。当安迪告诉我他对T恤的想法时，我想起一个很适合的插画师托尼·美林内尔[Tony Millionaire，见我的《第一本书》（Book One）]。安迪大致的意思是，他想致敬米克·哈格蒂（Mick Haggerty）为《机器中的幽灵》（Ghost in the Machine）创作的经典专辑封面。既然这是他们的告别巡演，那就做一个机器中的烤面包吧（Toast in the Machine，译注：toast有"享有盛誉的人"之意），画面中三个烤面包从面包机中蹦出，每一片上面分别有斯汀（Sting）、鼓手斯图尔特·科普兰（Stewart Copeland）和安迪的极简化肖像符号。我知道托尼会把这个设计做得非常完美，现在就等着演出开始了。安迪也特别喜欢电线卷曲缠绕的设计，它一直延伸到T恤背面。嘿，这可是我给出的提议。

A 最后的巡演结束后，我和安迪·萨默斯在麦迪逊花园的后台合影。他非常和蔼可亲。

B 我无耻地给自己做了这么一个小徽章，以防安保人员轰我出去的时候看着更像内部人士。嘿，在照片里我把它戴在胸前了，尽管你看不到，但我可不想冒险。

C 最终的设计，用于黑色、白色和灰色T恤。

D 托尼·美林内尔绘制的初稿,整体看还不错,但是缺少了动态的、面包烤好的"叮"那样的感觉,安迪非常希望可以看到面包从面包机中弹出来的样子,我也很赞同他的意见。而且,如果不提出这个意见的话,斯汀和斯图尔特也就接受原先的提案了;我只是没有直接和他们沟通而已。不过这的确是安迪的想法,然后大家都赞成按照这个思路继续执行。

E 同上。

D

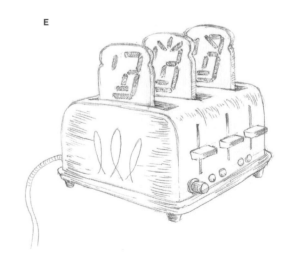

E

基德的游戏

就像艺术设计领域的其他人一样,我一直都很喜欢《视觉美国》(*Visionaire*)杂志。塞西莉亚·迪恩(Cecilia Dean)、斯蒂芬·甘(Stephen Gan)和詹姆斯·卡利亚多斯(James Kaliardos),在1991年的时候,想要创办一本融合艺术和时尚的杂志,现在这本杂志发展得愈发完善:它本身就已成为一件艺术品,并且通过不同形式和物体来呈现自身价值,比如一个灯箱、一个路易威登手包、鳄鱼POLO衫、黑胶唱片、DVD中的电影,甚至有一期还涉及味觉——就像你嘴里体验到的那样,那期杂志附带了许多可分解的味觉胶条。

在第50期杂志中,他们的创意团队成员格雷格·福利(Greg Foley)邀请我加入到一群艺术家小组中,要求组内每个人创作一个套娃玩具,这个玩具有五个组成部分:一个底座和四个外层套娃。我想以"透明"和"摩尔云纹(moiré pattern)"为元素进行创作,因此采用了曾经为日本作家铃木光司(Koji Suzuki)的小说《诞生》(*Birthday*,右图)设计过的封面,该书由Vertical Books出版。我的作品能与众多大师级艺术家诸如罗伯特·克鲁伯、亚历克斯·卡茨(Alex Katz),以及著名作家克鲁特·冯内古特(Kurt Vonnegut)同台亮相,这真是一件令人无比兴奋的事。只有《视觉美国》杂志才能做得出这样"疯狂"的企划,号召不同领域的人们呈现出高度统一的作品。我迫不及待想借此机会去制作一个不再是图书的3D作品,它由三种材料制成,拥有60种不同的表面组合。

A 玩具成品(四种组合方式之一),以及它的不同部件。这好像把书做成了玩具,以此能产生不同的结局。

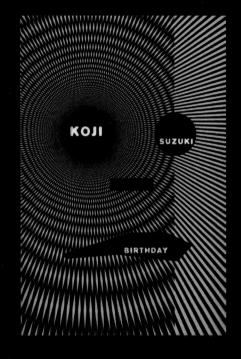

艺术与商业

下图是2006年为威尔·法瑞尔（Will Ferrell）的电影设计的海报，剧中他扮演的角色渐渐发现自身的奇怪属性，他的生活被小说家[艾玛·汤普森（Emma Thompson）]所写的故事控制，甚至包括死亡也在安排之内，随后他试图摆脱这种被人支配的状态。这个项目委托来自哥伦比亚电影公司，海报中我举着一本书在脸上，书的封面是威尔·法瑞尔的脸，由乔夫·斯佩尔完成拍摄。可惜没人喜欢这个提案，项目也就此结束。

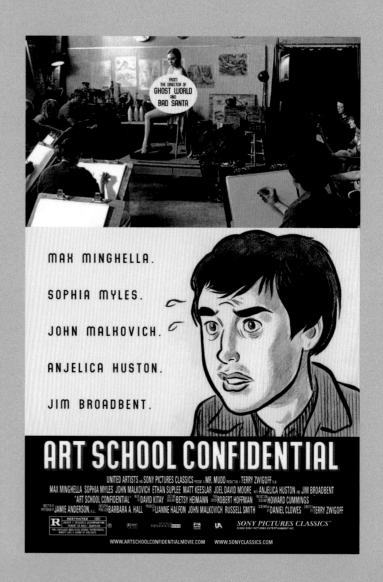

丹尼尔·克洛维斯（Daniel Clowes）创作的短篇故事《艺校的秘密》（*Art School Confidential*，对页右图）在2006年被改编成电影，讲述的是他作为艺术学生在普瑞特上学的故事。不过我们需要说服制片人允许克洛维斯先生为主演麦克斯·明格拉（Max Minghella）创作专属艺术形象。好在我们成功了。丹尼尔还设计了字体部分，整体看上去更像是一部丹尼尔·克洛维斯式的电影了。

伊恩·露娜（Ian Luna）是接下来这本书的主编，他为里佐利出版社（Rizzoli）带来很多来自不同领域的项目，与他共事，一起设计封面是一件很令人愉快的事。这些书中有一本是关于索尼设计的历史（下图，2015），封面主体是他们最新的游戏主机，有着很强的建筑结构感；另一本书是关于建筑与购物的（右图，2005），封面中的建筑看起来就像微缩模型一样（实际上是路易威登在东京的旗舰店实景照片）。

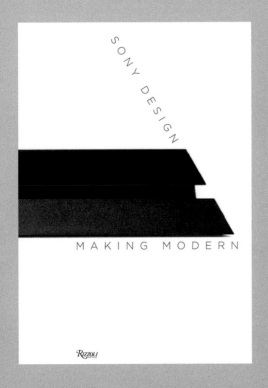

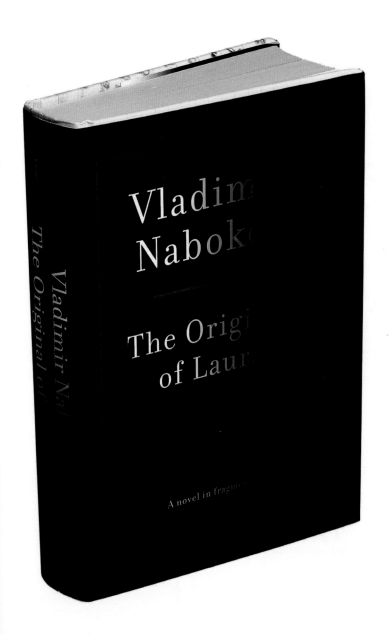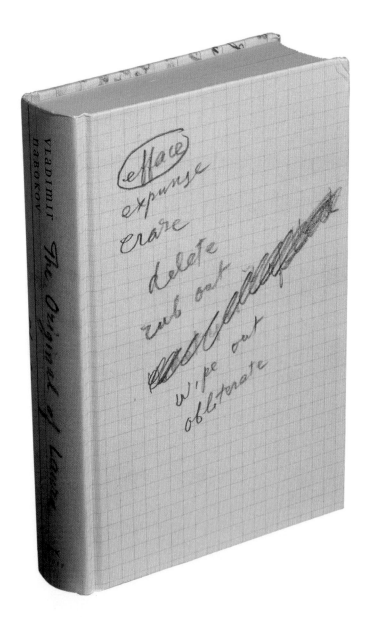

抠抠书

弗拉基米尔·纳博科夫（Vladimir Nabokov）的遗作《劳拉的原型》，在他1977年去世之后，经过了很多年的编辑才最终成书（这部书稿写在128张小卡片上），虽然他当时希望这些文字可以与他一同火化。在他死后，他的儿子德米特里（Demitri）把它们收藏在了瑞士。

2008年这份遗宝重见天日，人们准备利用这些卡片出版这位伟大作家的最后一本小说，并以它们原本的形式呈献给大众。然而许多研究纳博科夫的学者反对这本书的出版。他们认为作者的本意是想毁掉这部书，而且这些卡片甚至都无法构成一个完整的故事。但是，纳博科夫只是在他生命的最后时刻才耗费精力试图掩盖这本书。纳博科夫还曾让他挚爱的妻子薇拉（Vera）烧掉《洛丽塔》（*Lolita*）的书稿，他担心这本书的内容过于敏感，但她拒绝了这个请求。结果证明这是个非常明智的举动（谢谢你，薇拉）。

因此，德米特里信任克诺夫出版社可以汇集这些材料出版成书，这项任务也落到了我身上。我已经无法用语言描述为纳博科夫的最后一本小说做第一版设计的心情，这是我作为书籍设计师的梦想和荣耀。

做这本书的设计时也遇到了一些问题，就像索尼·梅塔提出来的那样：如何把128张零散的卡片整合成一本书？对于封面和标题页，我想采用"淡出"的概念。不仅是因为这是纳博科夫的遗作，还因为这本书背后的故事——原作者想要彻底抹去自身的存在。我浏览了我曾经做过的全部设计，让我感到高兴和宽慰的是我从没做过渐变到黑色的封面。因此这是一次全新的开端，至少对我而言，而且跟这本书的情境也很契合。为了制造对比效果，标题页渐变成了白色，以呈现另一种截然不同的消逝状态。接下来，该如何设计这本书的剩余部分呢？

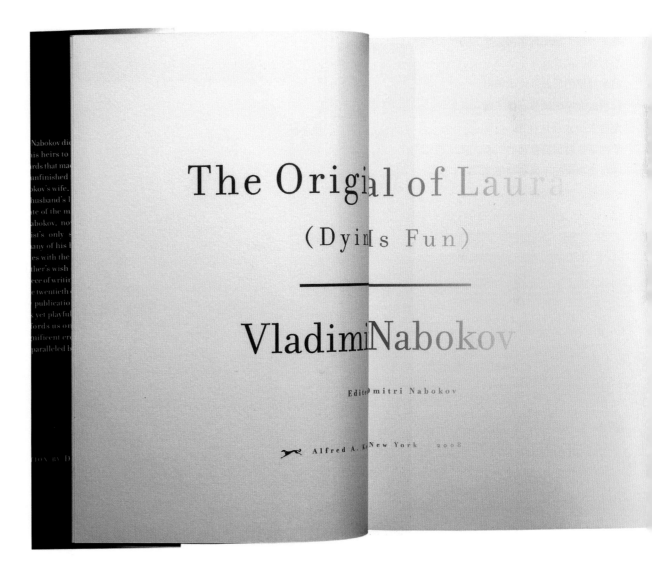

我对此的答案是把它做成一本全世界最有文学价值的可以互动的"抠抠书"。这是什么意思呢？我小时候很喜欢那种可以互动的书，上面打着孔以形成不同形状，你可以把该图案从书页中抠出来。诚然，这种形式的书通常是给小孩子准备的。但是这本书将成为爱好文学之人的终极追求。不过这些卡片都标上了数字，直到数字断掉，原本被标记卡片的顺序也成了一种不确定的推测。索尼和我因此决定（也获得了德米特里的同意）让读者自行决定文字的顺序。我不确定有多少人会这样做，但重要的是你有自己排列的机会。这样看来这部小说被赋予了一种概念艺术的身份。

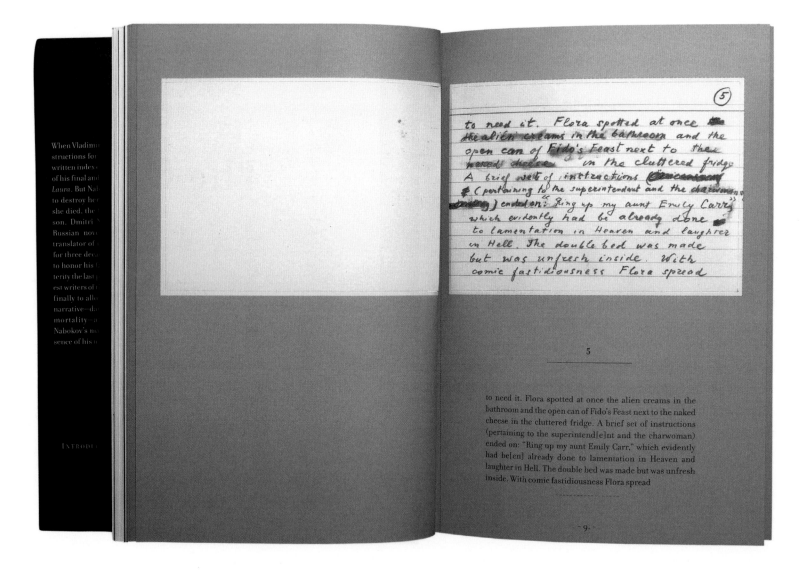

杰出的设计师约翰·加尔（John Gall）是Vintage出版社的艺术总监，他重新设计了纳博科夫的一系列再版书，新书使用了展示框架的概念，画面中的元素就像被小钉子固定住那样，好似蝴蝶标本般吸引着这位伟大的作家。约翰召集了一批艺术家和设计师去创作，而我负责《阿达》（*Ada, or Ardor*，左图）这本书。固定用的钉子就在那，相信我，只不过你无法看到它们。字母的颜色从灰色变成黑色，然后转变成红色，其中的原因可能需要看完这本书才能理解。

A　Vintage出版社，2011。

B　克诺夫出版社，2016。弗拉基米尔和薇拉有许多合影，但这张照片拍摄于他们刚确立关系的那个时期，他们那时还在俄罗斯，并做好了离开故乡去探索世界的准备。

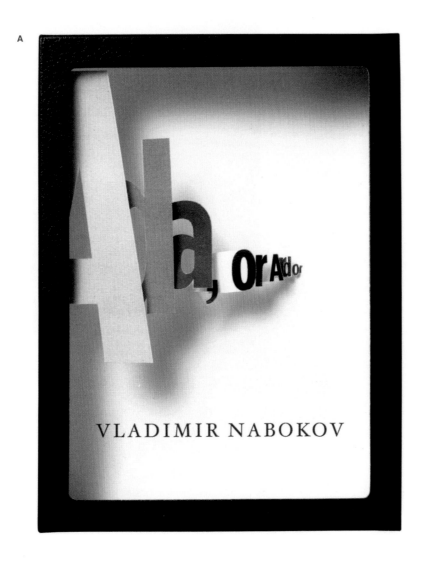

A

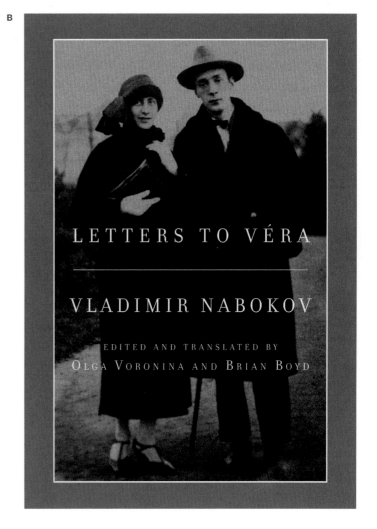

B

转了一圈又一圈

弗朗西斯·福特·科波拉（Francis Ford Coppola）1997年春季创办的文学季刊《西洋镜：文学纵览》（Zoetrope All-Story）在出版界引起了广泛关注。它的出现为那些新晋的短篇小说和文章提供了展示机会，《西洋镜》还有另一个颇具野心的特点，这在整个杂志历史上都堪称独特：他们每一期都找不同的人做设计和艺术指导。2006年秋季刊，他们找到了我。我非常激动，但也很犹豫，因为我当时正在做第一本书的收尾工作。但无论如何我都不能拒绝这个请求。然后摄影师托马斯·艾伦（Thomas Allen）的加入让我下定接手这个项目的决心，我跟他曾合作过詹姆斯·艾尔罗伊一些作品的封面。他那标志性的微缩模型做封面非常适合。

为了这个项目，所有参与者都齐心协力：汤姆当然要投入全部热情去创作，《西洋镜》的编辑团队也是如此，他们还要赋予我完全掌握整本杂志的权利——因为可能没有时间去一遍遍提交企划和灵感创意了。令人惊讶的是，所有人都很配合，结果在这里也显而易见了。

我作为设计师的主要贡献是"西洋镜旋转起来"这个概念,封面(对页右图)的设定看起来像运转过程中一样,标题页(下图)和封底(右图)也是同样的概念。所有的素材画面都是现成的,想想看也是挺惊讶的,所有元素都像是专门为内容定制的一样巧妙。

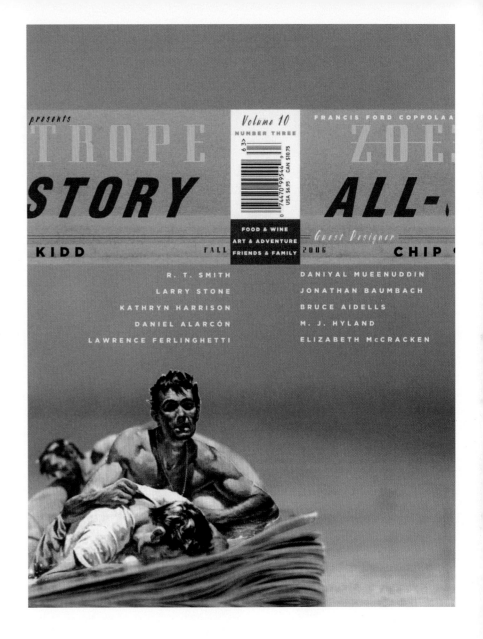

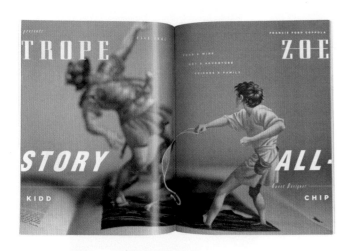

约瑟夫·博伊登（Joseph Byoden）创作的小说《奥兰达》的背景是17世纪的安大略州，讲述的是一位叫克里斯托弗（Christophe）的耶稣会传教士深入荒野去追寻皈依的人们，被休伦部落的酋长伯德（Bird）抓住。在宿敌面前，他们最终联手对抗易洛魁族的威胁。我思考用乌鸦羽毛装饰的部落头饰作为封面素材，这个头饰依然连接着乌鸦。这样和故事整体情节很统一，然后我开始创作草图（下图），以呈现人类和自然融合在一起的状态。

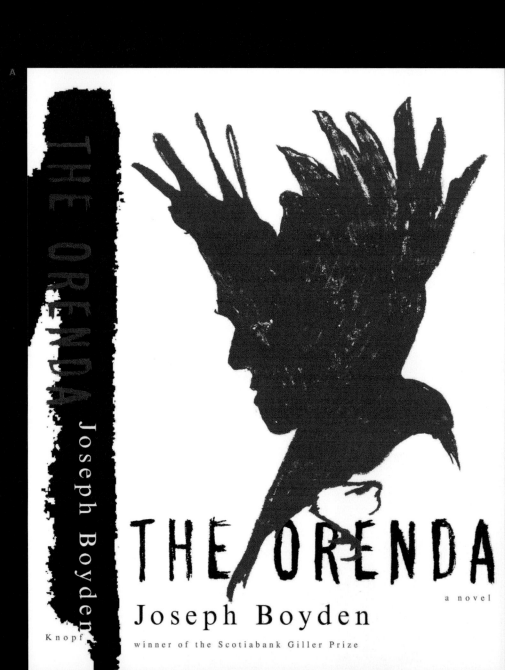

CAPTURE

A THEORY OF THE MIND

DAVID A. KESSLER, M. D.

AUTHOR OF THE END OF OVEREATING

The end of overeating.

CONTROLLING THE
INSATIABLE AMERICAN APPETITE

DAVID A. KESSLER, M. D.

互相嵌套的生活

麦肯齐·贝索斯（MacKenzie Bezos）的小说《陷阱》（*Traps*）讲述了看似毫无关联的四位现代女性在加利福尼亚的生活，伴随着故事的推进，她们的生活逐渐产生交集。

下图是我的初次尝试……可并没有呈献给作者。这些画面缺少关联，整体效果缺乏神秘感和吸引力。这些面孔过于清晰了。

从某种程度上讲，最终版的封面（右图）可以让读者自行填补画面中的空缺。在这样的案例中，剪影造型比直接使用肖像更能营造效果。

A 克诺夫出版社，2013。
B 克诺夫出版社，2009。
C 克诺夫出版社，2006。

A

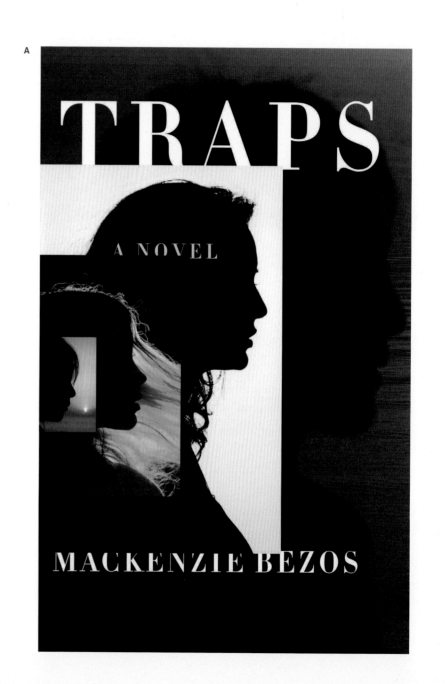

内利达·皮农（Nélida Piñon）创作的《沙漠之声》（*Voices of the Desert*，下图）是对谢赫拉查德的《一千零一夜》的一种全新解读，这次从谢赫拉查德的视角开始讲述。封面设计我以"比例"为设计关键词：画面中有女性面部的特写镜头，同样也有她在沙漠中渺小的身影。尽管她赫然出现于沙漠之上，可仍无法逃离囚禁她的牢笼。

安娜·安赫玛托娃（Anna Akhmatova）是一位反现代主义诗人，她现在是俄罗斯享有盛誉的作家。我从我朋友斯蒂芬·加梅（Stephen Garmey）那里借来了一张她的签名照，他是安赫玛托娃的狂热粉丝。这个封面设计清楚地展示了她的手写字迹。

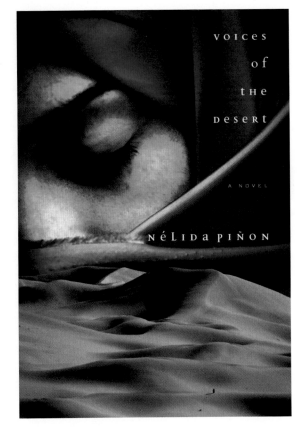

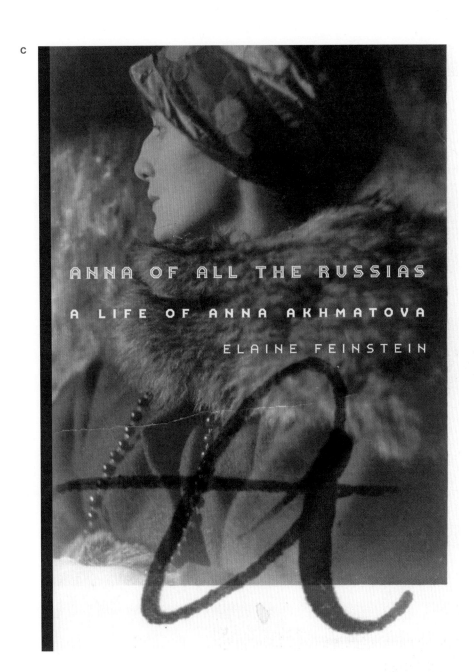

终把它们都买下了。我回到美国之后,接到了来自《诗人与作家》(*Poets & Writers*)的封面设计项目,主题是"启发(inspiration)",因此旋转的人和旋转的铅笔轨迹毫无疑问是最好的选择。

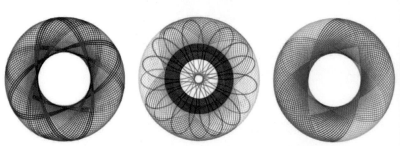

下图是《纽约杂志》(*New York*) 2012年"最佳纽约"一刊未被采纳的封面。图上的照片都是我在街上拍的,过程挺有意思。我知道现在看来这个设计有点过于直白,我猜这也是他们不采纳的原因。但我很喜欢这本杂志,每期都不落下。希望以后有机会能为他们设计封面……

另一个案例,意大利版GQ(右图)。我不太了解这本杂志。它虽然不在我的阅读范围内,但他们请我为十周年纪念刊做些设计,我没有拒绝的理由。我打算用他们的LOGO和一些文字做拼贴剪辑用十种颜色呈现在封面上。我才习惯使用InDesign里的"复合"效果,它可以把颜色一层一层地拼接起来。

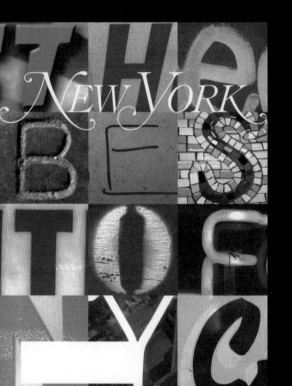

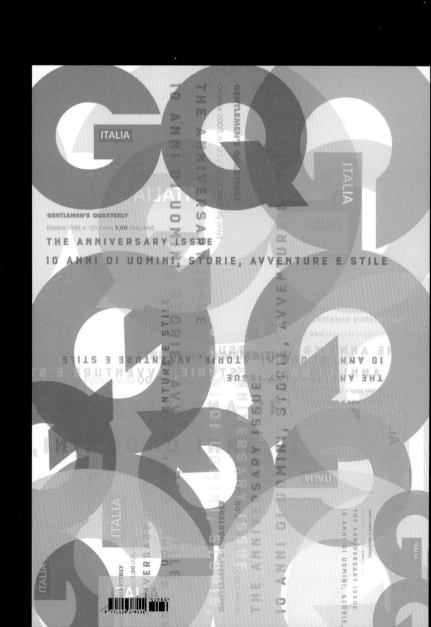

圆舞曲系列

我永远都记得索尼·梅塔在克诺夫出版社2006年春季发布会上展示的《法兰西舞曲》（*Suite Française*）。这实在是迷人而心碎，我原来从没听过小说家伊莱娜·内米洛夫斯基（Irène Némirovsky）和她悲惨的遭遇——她的女儿在她1942年于奥斯维辛去世后的50年才只找到了小说的手稿。索尼坚信这将是当年文学界最重大的事件之一。当然他是对的。

右图是我的初版设计，使用了Joseph Budko创作的绘画作品，以及我在柏林跳蚤市场上淘到的老式德国护照。手写字母由埃尔维斯·斯威夫特（Elvis Swift）绘制。我对这个设计非常满意，但我不得不承认这样有些不利于阅读。

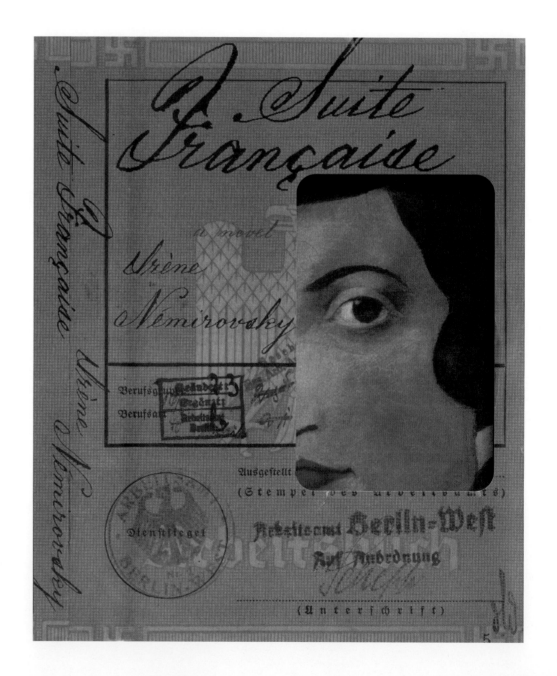

右图是最终版的封面，采用了英国出版方找到的元素，我在排版上进行了调整。这个封面非常成功，后来被Vintage出版社内米洛夫斯基再版目录选为再版书（下图）。

A　Vintage出版社，2008–2012。
B　克诺夫出版社，2006。

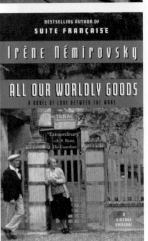
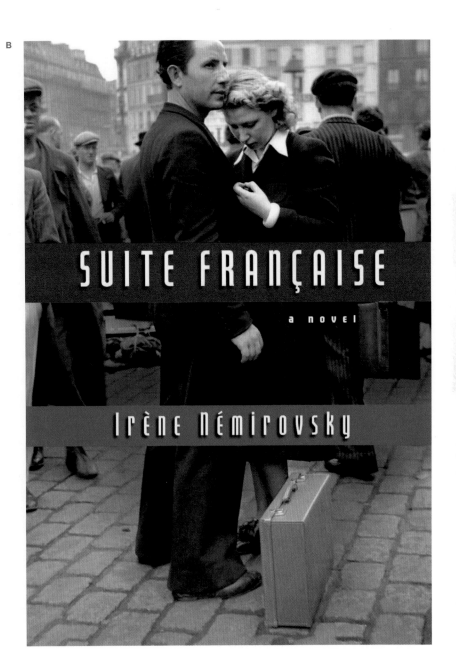

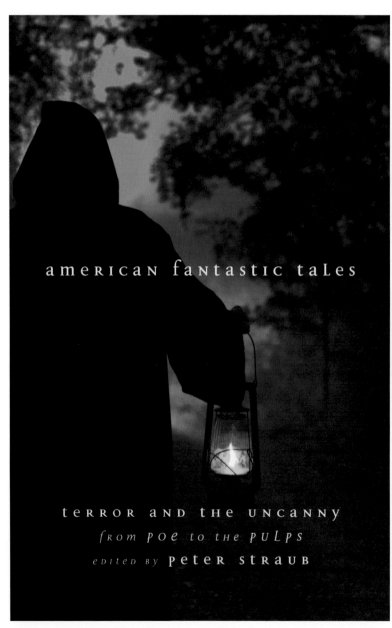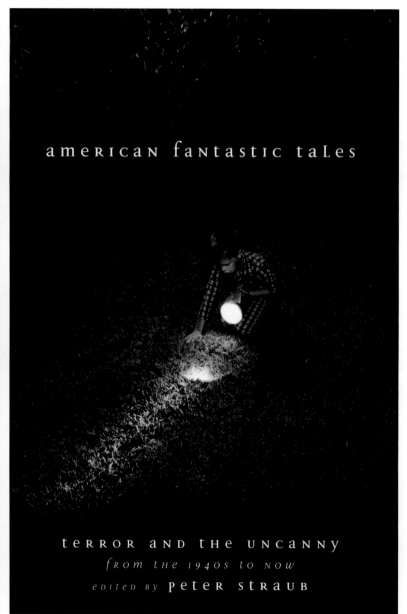

A 美国文库（Library of America）出版的彼得·斯特劳布（Peter Straub）两卷精选集《奇妙传说》（*American Fantastic Tales*，2009），我想对比呈现美式奇谈的过去和现在。左边的照片由安迪和米歇尔·凯丽（Andy & Michelle Kerry）完成拍摄；右边照片的摄影师为弗雷德里克·布罗登（Frederik Broden）。

B 我记得是克雷格找到的这幅作品，我对它进行了排版调整。TCG（Theatre Communications Group），2017。

C 说起来这真的不同寻常。有一次我去斯德哥尔摩旅行，当时我正为亨宁·曼凯尔（Henning Mankell）的书设计封面，该书讲述的是一位瑞典女人20世纪早期在殖民地非洲的故事。我偶然间观看了克里斯特·斯特伦霍尔姆（Christer Strömholm，我之前不知道这个人）的摄影展，我发现了这张照片，我意识到这就是我想要的照片。我们（克诺夫出版社）从艺术家那里拿到了使用权。

B
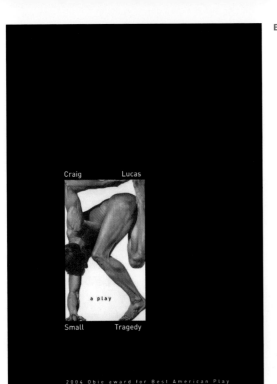

C
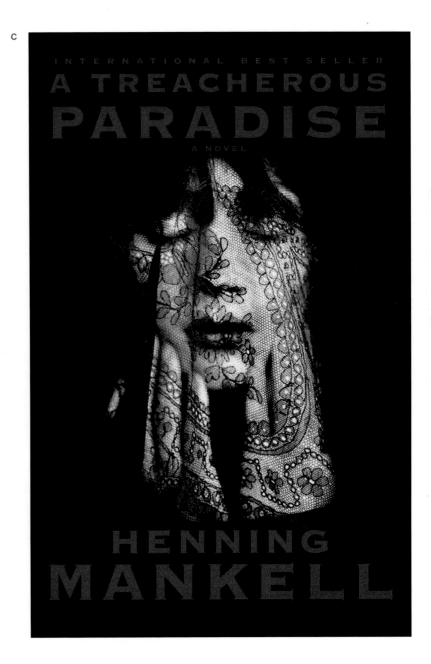

A	剑桥大学出版社（Cambridge University Press），2011 & 2013。
B	同上。
C	约翰斯·霍普金斯大学出版社（Johns Hopkins University Press），2012。
D	哈珀出版社，2008。

A

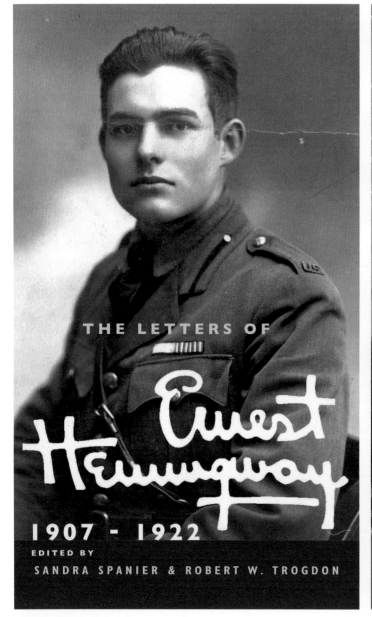

B

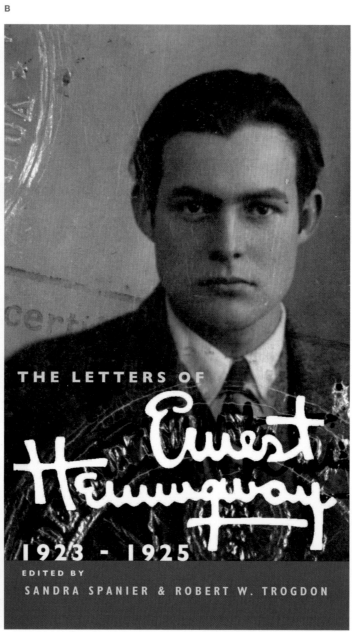

写信的人们

老实说,我一直试图避免在任何图书种类中使用明显的模板,不过也有例外。比如说,那些著名作家的书信选集。我希望看到他们的签名,我也想看到他们不被人熟知的那一面。我想亲眼看到他们的字迹,或是他们的手稿。这并不意味着这些书的封面平淡无奇,它们也需要设计得足够有意思。海明威(对页图)的这个项目是一个持续的系列,总共有17卷之多。

C

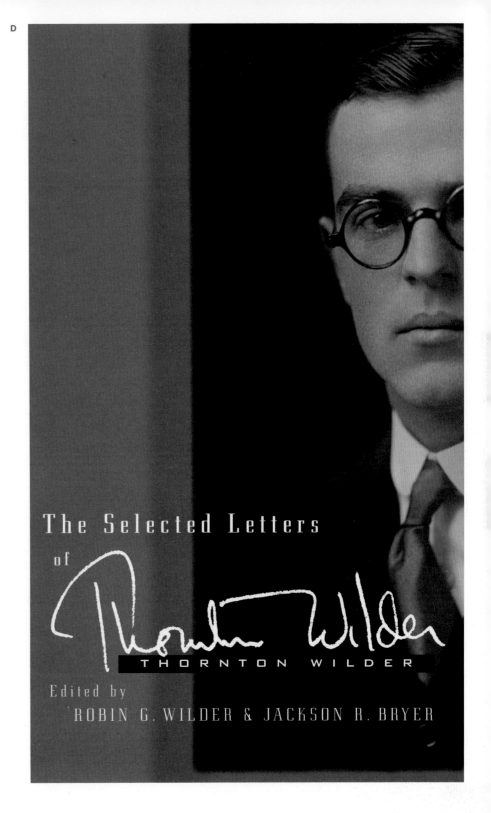

D

要求制片人大卫·斯通（David Stone）让我加入到他执导的《三天大雨》（*Three Days of Rain*）的工作中，该剧由理查德·格林伯格（Richard Greenberg）编剧，该剧将在百老汇重新上演，我需要和第三方公司塞里诺·科恩（Serino Coyne）一同策划这部剧的宣传活动。公映时间是来年4月。这也将是茱莉亚·罗伯茨（Julia Roberts）在百老汇的首次演出，因此整个活动也备受关注。她当时的搭档是出名之前的布莱德利·库珀（Bradley Cooper）和保罗·路德（Paul Rudd），现在看来也有足够的吸引力。

故事以1960年两位年轻的建筑师展开，他们设计了非常有名的现代住宅，又爱上了同一个女人。在剧中，我们还会看到他们的孩子（都是同样的演员扮演），他们1995年在纽约的下东区相遇。三人之间存在着大量的情感纠葛，他们互相探讨、争论他们父母的作品，以及他们之间的关系。

考虑到以建筑设计为主题，我首先想到的是把三位主演的肖像变成公寓建筑蓝图。我找到插画师朋友克里斯托弗·尼曼，他向我推荐了另一位插画师斯蒂芬·萨维奇（Stephen Savage）。他绘制的作品很棒，就是它了（右图）。

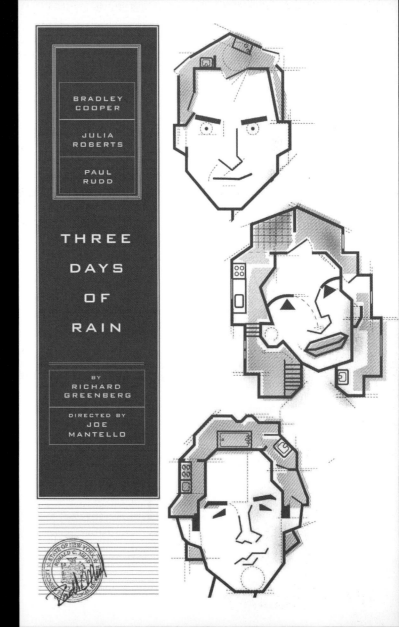

完成这项任务的人,而且完成得无比出色。整个过程令人激动和兴奋,同时也很辛苦,它也提醒我高利害关系的戏剧界远比图书行业复杂得多。

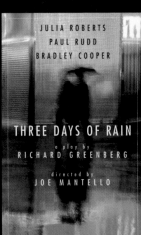

永恒假期

米歇尔·维勒贝克（Michel Houellebecq）有点难住我了（我对法语的确缺少识别能力，Je m'excuse！），但我喜欢他想传达的概念，以及他对当代社会的愚蠢之处那种坚决的鄙夷。如果将它们用面部来具象化地呈现出来应该会很有意思，在《地图与领土》（*The Map and the Territory*）这个项目中，可以是很多张脸。对于《一座岛的可能性》（*The Possibility of an Island*）这本书的封面，如此并列安排两个不同画面是最好的呈现方式。

《吞噬》（*Consumed*）是电影制作人大卫·柯南伯格（David Cronenberg）创作的关于吃人的小说。对于这本书的封面设计，我终于有机会使用卡利普索（Calypso）字体，它是由一位法国字体设计师Robert Excoffon 1985年设计的，我上大学的时候就很困惑究竟什么场合才可以使用它。就字体本身而言，我一直都觉得很新潮，很有意思，但是实际使用却不容易。现在终于有了答案：它用来表现剥掉皮的血与肉。我不确定这是不是埃克斯科丰（Excoffon）先生设计它的本意，但我的工作就是找到适合的使用情境。

A

B

摄影师弗朗索瓦·罗伯特（Francois Robert）的作品多年来都很吸引我，他创作的"停止暴力（Stop the Violence）"系列用骨头摆放成武器的造型（其中一些是大规模杀伤性武器），当我看到其中一副手枪的画面时就意识到，它非常适合日本作家吉田修一（Shuichi Yoshida）的小说《恶人》（*Villain*），书中内容围绕现代东京的连环杀手展开。这个画面完美地体现了书中所有元素。罗伯特的作品充满蛮荒与粗犷，而画面中的细节与所传达的主题结合得无比巧妙。

A 克诺夫出版社，2006。
B 克诺夫出版社，2012。
C 斯克里布纳出版社，2016。
D 万神殿图书，2010。

C

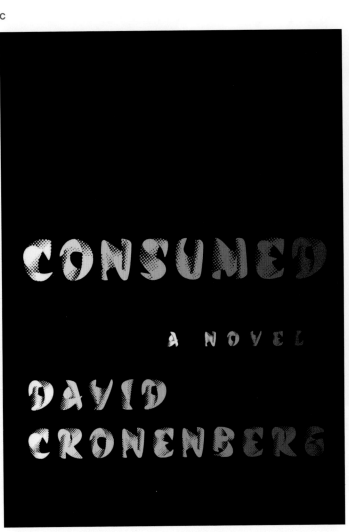

D

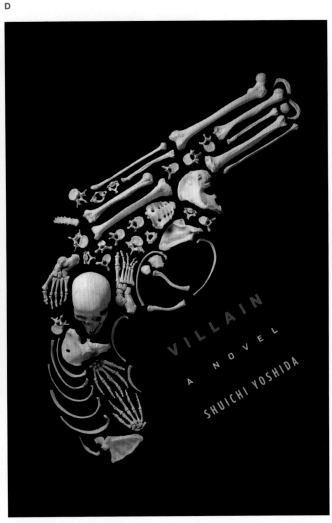

PAUL SIMON

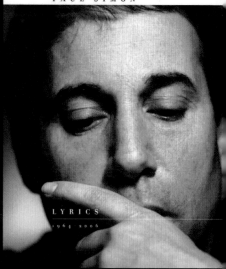

LYRICS
1964 - 2006

没想到吧！

还得感谢我的《第一本书》吸引到了保罗·西蒙的兄弟，也是他的经纪人艾迪（Eddie），他把我引荐给了华纳兄弟唱片（Warner Bros. Records）的艺术总监。保罗的新专辑准备命名为*Surprise*，他们问我是否对设计这张唱片感兴趣。这是我接手的最喜欢、最满意的非图书设计项目之一。一开始我被叫到了布瑞尔大厦（Brill Building），保罗的工作室就在这里（大约离我的办公室有五个街区的距离）。随后我被领到一个宽敞的接待室，然后坐在一个同样宽敞的沙发上，这里可以俯瞰时代广场北边的百老汇大道。屋子的另一侧立着两个巨大的专业级别功放器。保罗走了进来并做了自我介绍，然后问道："你现在感觉怎么样？你应该坐在沙发中央，这样你听到的声音才是最均衡的。我想让你听听这张新专辑。"他找了把椅子坐在我的对角位置上，双臂交叉，然后一直专心地盯着我。音乐缓缓响起。

后来我们就保持这个状态，度过了很奇妙的 40 分钟，整张专辑也播放结束。这好像赢了一种来自电台抽选的奖项一样："嘿，第十五位来电者获得了和保罗·西蒙一起一对一听他最新专辑的机会，他会一直盯着你，看你是不是喜欢它！"

A　最终版的封面，保罗在上面签了名，以及标签的设计。

B　我最初的设计过程，包括我手抄的歌词（注意其中的粗体词都跟水有关）。我接下来要在歌词本上做的是（好吧，保罗很喜欢这一点，有点意外）把歌词变成一个个短小有趣的故事，并为每个故事配上视觉画面。歌词虽然都是我自己手抄的，大部分都是正确的，但也有零星的小错误，不过没关系，保罗很赞赏并帮我改了过来。（见208–211页）

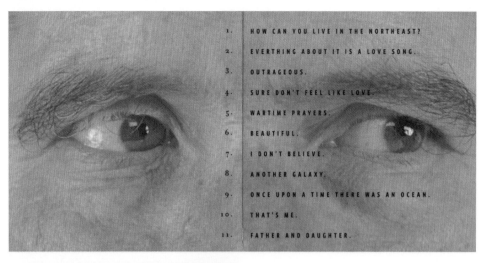

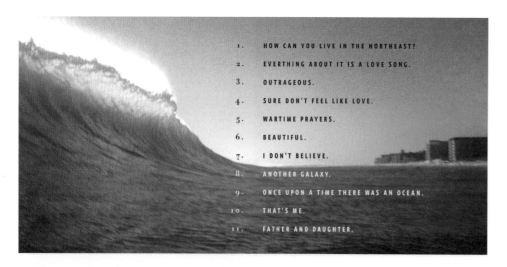

1. HOW CAN YOU LIVE IN THE NORTHEAST?
2. EVERTHING ABOUT IT IS A LOVE SONG.
3. OUTRAGEOUS.
4. SURE DON'T FEEL LIKE LOVE.
5. WARTIME PRAYERS.
6. BEAUTIFUL.
7. I DON'T BELIEVE.
8. ANOTHER GALAXY.
9. ONCE UPON A TIME THERE WAS AN OCEAN.
10. THAT'S ME.
11. FATHER AND DAUGHTER.

3.
OUTRAGEOUS.

It's outrageous to line your pockets off the misery of the poor. Outrageous, the crimes some human beings must endure. It's a blessing to wash your face in the summer solstice rain. It's outrageous a man like me stand here and complain. But I'm tired. Nine hundred sit-ups a day. I'm painting my hair the color of mud, okay? I'm tired, tired. Anybody care what I say? No! I'm painting my hair the color of mud.

Who's gonna love you when your looks are gone? Tell me, who's gonna love you when your looks are gone? Aw, who's gonna love you when your looks are gone? Who's gonna love you when your looks are gone?

It's outrageous, the food they try to serve in a public school. Outrageous the way they talk to you like you're some kind of clinical fool. It's a blessing to rest my head in the circle of your love. It's outrageous: I can't stop thinking 'bout the things I'm thinking of. And I'm tired. Nine hundred sit-ups a day. I'm painting my hair the color of mud, mud okay? I'm tired, tired. Anybody care what I say? No! Painting my hair the color of mud.

Who's gonna love you when your looks are gone? Tell me, who's gonna love you when your looks are gone? Tell me, who's gonna love you when your looks are gone?

God will. Like he **waters** the flowers on your window sill. Take me. I'm an ordinary player in the key of C. And my will was broken by my pride and my vanity. Who's gonna love you when your looks are gone? God will. Like he **waters** the flowers on your window sill. Who's gonna love you when your looks are gone?

Guitars: PAUL SIMON • Electronics: BRIAN ENO • Bass: PINO PALLADINO • Drums: ROBIN DIMAGGIO

1.
HOW CAN YOU LIVE IN THE NORTHEAST?

We heard the fireworks. Rushed out to watch the sky. Happy go lucky. Fourth of July.

How can you live in the Northeast? How can you live in the South? How can you build on the banks of a river when the **flood water** pours from the mouth? How can you be a Christian? How can you be a Jew? How can you be a Muslim, a Buddhist, a Hindu?

How can you?

Weak as the winter sun, we enter life on earth. Names and religion come just after date of birth. Then everybody gets a tongue to speak, and everyone hears an inner voice. A day at the end of the week to wonder and rejoice.

If the answer is infinite light, why do we sleep in the dark?

How can you live in the Northeast? How can you live in the South? How can you build on the banks of a **river** when the **flood water** pours from the mouth? How can you tattoo your body? Why do you cover your head? How can you eat from a rice bowl, the holy man only breaks bread?

We watched the fireworks, til they were fireflies. Followed a path of stars, over the endless skies.

How can you live in the Northeast? How can you live in the South? How can you build on the banks of a **river** when the **flood water** pours from the mouth?

I've been given all I wanted. Only three generations off the boat. I have harvested and I've planted. I am wearing my father's old coat.

Guitars: PAUL SIMON • Electronics: BRIAN ENO
Bass: PINO PALLADINO • Drums: STEVE GADD, ROBIN DIMAGGIO • Harmonium: GIL GOLDSTEIN

4.
SURE DON'T FEEL LIKE LOVE.

I registered to vote today. Felt like a fool. Had to do it anyway. Down at the high school. Thing about the second line. You know, felt like a fool. People say it all the time. Even when it's true. So, who's that conscience sticking on the sole of my shoe? Who's that conscience sticking on the sole of my shoe? Cause it sure don't feel like love.

A tear **drop** consists of electrolytes and salt. The chemistry of crying is not concerned with blame or fault. So, who's that conscience sticking on the sole of my shoe? Who's that conscience sticking on the sole of my shoe? Cause it sure don't feel like love. How does it feel? Feels like a threat. A voice in your head that you'd rather forget. No joke, no joke. You get sick from that sure don't feel like love. No joke, no joke. Some chicken and a corn muffin well that feels more like love.

Yay! Boo!
Yay! Boo!

Wrong again. Wrong again. Maybe I'm wrong again. Wrong again. Maybe I'm wrong again. Wrong again. I could be wrong again. I remember once in August 1993, I was wrong, and I could be wrong again. I remember one of my best friends turned enemy. So, I was wrong, and I could be wrong again. I remember once in a load-out, down in Birmingham. Yeah, but that didn't feel like love. Sure don't feel like, sure don't feel like, sure don't feel like love. Sure don't feel like, sure don't feel like, sure don't feel like love. It sure. Don't feel.

Like love.

Guitars: PAUL SIMON • Electronics: BRIAN ENO • Bass: ALEX AL • Drums: STEVE GADD

2.
EVERYTHING ABOUT IT IS A LOVE SONG.

Locked in a struggle for the right combination—of words in a melody line, I took a walk along the **riverbank** of my imagination. Golden **clouds** were shuffling the sunshine.

But if I ever get back to the twentieth century, guess I'll have to pay off some debts. Open the book of my vanishing memory, with its catalogue of regrets. Stand up for the deeds I did, and those I didn't do. Sit down, shut up, think about God, and wait for the hour of my rescue.

We don't mean to mess things up, but mess them up we do. And then it's "Oh, I'm sorry." Here's a smiling photograph of love when it was new. At a birthday party.

Make a wish and close your eyes: surprise, surprise, surprise.

Early December, and brown as a sparrow, **frost** creeping over the pond. I shoot a thought into the future, and it flies like an arrow, through my lifetime. And beyond.

If I ever come back as a tree or a crow, or even the wind-blown dust; find me on the ancient road in the song when the wires are hushed. Hurry on and remember me, as I'll remember you. Far above the golden clouds, the darkness vibrates.

The earth is blue.

And everything about it is a love song. Everything about it. Everything about it is a love song. Everything about it. Everything about it is a love song.

Electric and Acoustic Guitars: PAUL SIMON • Electric Guitar: BILL FRISELL • Electronics: BRIAN ENO
Bass: ABRAHAM LABORIEL • Drums: STEVE GADD

5.
WARTIME PRAYERS.

Prayers offered in—in times of peace—are silent conversations. Appeals for love, or love's release. In private invocations. But all that is changed now. Gone like a memory form the day before the fires. People hungry for the voice of God hear lunatics and liars. Wartime prayers. Wartime prayers in every language spoken. For every family scattered and broken.

Because you cannot walk with the holy if you're just a halfway decent man. I don't pretend that I'm a mastermind with a genius marketing plan. I'm trying to tap into some wisdom. Even a little **drop** will do. I want to rid my heart of envy, and cleanse my soul of rage before I'm through.

Times are hard. It's a hard time, but everybody knows. All about hard times, the thing is, what are you gonna do? Well, you cry and try to muscle through. Try to rearrange your stuff. But when the wounds are deep enough, and it's all that we can bare, we wrap ourselves. In prayer.

Because you cannot walk with the holy if you're just a halfway decent man. I don't pretend that I'm a mastermind with a genius marketing plan. I'm trying to tap into some wisdom. Even a little **drop** will do. I want to rid my heart of envy, and cleanse my soul of rage before I'm through. A mother murmurs in twilight sleep and draws her babies closer. With hush-a-byes for sleepy eyes, and kisses on the shoulder. To drive away despair she says a wartime prayer.

Guitars: PAUL SIMON • Electronics: BRIAN ENO • Piano: HERBIE HANCOCK
Keyboards: GIL GOLDSTEIN • Bass: PINO PALLADINO • Drums: ROBIN DIMAGGIO, STEVE GADD • Choir: JESSE DIXON SINGERS

6.
BEAUTIFUL.

Snowman sittin in the sun doesn't have time to waste. He had a little bit too much fun, now his head's erased. Back in the house, family of three: two doin the laundry and one in the nursery.
    We brought a brand new baby back from Bangledesh, thought we'd name her Emily. She's beautiful. Beautiful.
    Yes sir, head's erased, brain's a bowl of jelly. Hasn't hurt his sense of taste, judging from his belly. But back in the house, family of four now: two doing the laundry and two on the kitchen floor.
    We brought a brand new baby back from mainland China, sailed across the China Sea. She's beautiful. Beautiful.
    Go-kart sittin in the shade: you don't need a ticket to ride, it's summertime, summertime, slip down a water slide. Little kid danc'in in the grass, legs like rubber band. It's summertime. summertime. There's a line at the candy stand. Keep an eye on them children, eye on them children in the **pool**. You better keep an eye on them children, eye on them children in the pool.
    We brought a brand new baby back from Kosovo. That was nearly seven years ago. He cried all night. Could not sleep. His eyes were bright, dark and deep. Beautiful.

Guitars: PAUL SIMON • *Electronics:* BRIAN ENO • *Bass:* PINO PALLADINO • *Drums:* STEVE GADD

7.
I DON'T BELIEVE.

Acts of kindness, like breadcrumbs in a fairytale forest, lead us past dangers as light melts the darkness. But I don't believe, and I'm not consoled. I lean closer to the fire, but I'm cold.
    The earth was born in a **storm**. The **waters** receded, the mountains were formed. "The universe loves a drama,"* you know. And ladies and gentlemen this is the show.
    I got a call from my broker. The broker informed me I'm broke. I was dealing my last hand of poker. My cards were useless as smoke.
    Oh, guardian angel. Don't taunt me like this, on a clear summer evening as soft as a kiss. My children are laughing, not a whisper of care. My love is brushing her long chestnut hair. I don't believe a heart can be filled to the brim then vanish like mist as though life were a whim.
    Maybe the heart is part of the **mist**. And that's all that there is or could ever exist. Maybe and maybe and maybe some more. Maybe's the exit that I'm looking for.
    I got a call from my broker. The broker said he was mistaken. Maybe some virus or brokerage joke and he hopes that my faith isn't shaken.
    Acts of kindness, like **rain** in a draught, release the spirit with a whoop and a shout. I don't believe we were born to be sheep in a flock. To pantomime prayers with the hands of a clock.

*Observation by E. B. after 2004 presidential election.

Guitars: PAUL SIMON • *Electronics:* BRIAN ENO
Bass: ABRAHAM LABORIEL • *Drums:* STEVE GADD, ROBIN DIMAGGIO • *Harmonium:* GIL GOLDSTEIN

8.
ANOTHER GALAXY.

On the morning of her wedding day, when no one was awake, she drove across the border. Leaving all the yellow roses on her wedding cake. Her mother's **tears**, her breakfast order.
    She's gone, gone, gone.
    There is a moment, a chip in time, when leaving home is the lesser crime. When your eyes are blind with **tears**, but your heart can see: another life, another galaxy.
    That night her dreams are storm-tossed as a willow. She hears the **clouds**, she sees the eye of a hurricane, as it sweeps across her island pillow.
    But she's gone, gone, gone.
    There is a moment, a chip in time, when leaving home is the lesser crime. When your eyes are blind with tears, but your heart can see:
    Another life, another galaxy.

Guitars: PAUL SIMON • *Electronics:* BRIAN ENO • *Bass:* PINO PALLADINO • *Drums:* STEVE GADD

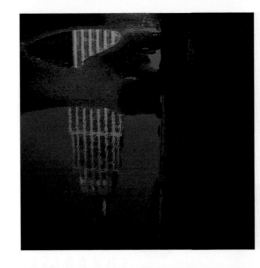

9.
ONCE UPON A TIME THERE WAS AN OCEAN.

Once upon a time there was an ocean. But now it's a mountain range. Something unstoppable set into motion. Nothing is different, but everything's changed.
    It's a dead end job, and you get tired of sittin. And it's like a nicotine habit you're always thinking about quitin. I think about quitin every day of the week. When I look out my window it's brown and it's bleak.
    Outta here. How am I gonna get outta here? I'm thinking outta here. When am I gonna get outta here? And when will I cash in my lottery ticket, and bury my past with my burdens and strife? I want to shake every limb in the garden of Eden, and make every lover the love of my life.
    I figure that once upon a time I was an ocean. But now I'm a mountain range. Something unstoppable set into motion. Nothing is different, but everything's changed.
    Found a room in the heart of the city, down by the bridge. Hot plate and TV and beer in the fridge. But I'm easy, I'm open--that's my gift. I can flow with the traffic, I can drift with the drift. Home again? Naw, never going home again. Think about home again? I never think about home.
    But then comes a letter from home, the handwriting's fragile and strange. Something unstoppable set into motion. Nothing is different, but everything's changed.
    The light through the stained glass was cobalt and red. And the frayed cuffs and collars were mended by haloes of golden thread. The choir sang Once upon a time there was an ocean. And all the old hymns and family names came fluttering down as leaves of emotion.
    As nothing is different, but everything's changed.

Guitars: PAUL SIMON • *Electronics:* BRIAN ENO
Fretless Bass: LEO ABRAHAMS • *Drums:* STEVE GADD • *Percussion:* JAMEY HADDAD

10.
THAT'S ME.

Well I'll just skip the boring parts chapters one, two, three and get to the place where you can read my face and my biography.
    Here I am, I'm eleven months old, dangling from my daddy's knee. There I go, it's my graduation, I'm picking up a bogus degree. That's me. Early me. That's me.
    Well I never cared much for money, and money never cared for me. I was more like a land-locked sailor, searching for the emerald sea, searching for the emerald sea, boys, searching for the sea. Just seaching for the sea.
    Oh my God. First love opens like a flower. A black bear running through the forest light holds me in her sight and her power. But tricky skies, your eyes are true, the future is beauty and sorrow. Still, I wish that we could run away and live the life we used to. If just for tonight and tomorrow.
    I am walking up the face of the mountain. Counting every step I climb. Remember ing the names of the constellations. Forgotten is a long, long time. That's me. I'm in the valley of twilight. Now I'm on the continental shelf. That's me--I'm answering a question I am asking of myself.

Guitars: PAUL SIMON • *Electronics:* BRIAN ENO
Bass: PINO PALLADINO • *Drums:* STEVE GADD, ROBIN DIMAGGIO

11.
FATHER AND DAUGHTER.

If you leap awake in the mirror of a bad dream, and for a fraction of a second you can't remember where you are, just open your window and follow your memory upstream. To the meadow in the mountain where we counted every falling star.
    I believe the light that shines on you will shine on you forever (forever). And though I can't guarantee there's nothing scary hiding under your bed, I'm gonna stand guard like a postcard of a golden retriever. And never leave til I leave you with a sweet dream in your head.
    I'm gonna watch you shine, gonna watch you grow. Gonna paint a sign so you'll always know. As long as one and one is two.
    There could never be a father loved his daughter more than I love you.
    Trust your intuition. It's just like go'in fish'in. You cast your line and hope you get a bite.
    But you don't need to waste your time worrying about the marketplace, try to help the human race. Struggling to survive its harshest night.
    I'm gonna watch you shine, gonna watch you grow. Gonna paint a sign so you'll always know. As long as one and one is two.
    There could never be a father who loved his daughter more than I love you.
    I'm gonna watch you shine, gonna watch you grow. Gonna paint a sign so you'll always know. As long as one and one is two.
    There could never be a father loved his daughter more than I love you.

Guitars: Electric, Acoustic, Nylon String: PAUL SIMON • *Acoustic Rhythm:* VINCENT NGUINI
Drums: STEVE GADD • *Bass:* ABRAHAM LABORIEL • *Additional Vocal:* ADRIAN SIMON

我很喜欢这些歌[它们大部分与布莱恩·伊诺（Brian Eno）合作，因此对我更具吸引力]，但整个过程又有点兴奋过度，生怕用脚打起拍子从而暴露出我对这些作品的错误理解。随着最后一首 Father and Daughter 的结束，整张专辑播放完毕，我紧绷的神经也随之放松下来。在最后一个音符消散于空气中时，保罗打破了沉默，他轻声说道："我不确定你是否喜欢它。"我得说，我不但没有哭出来，还回答道："我挺喜欢的，但我至少还要再听十遍以上。"他似乎对我的答复感到满意，并交给我一张CD，上面有所有歌曲。他说："请一定不要把它传到网络上。"

我有一个随身听，在接下来的一整个月我出门的时候都在听这张专辑。每听一次都让我都更加喜欢这张专辑，然后我注意到一个细节，不确定是不是保罗刻意安排的：专辑里的每一首歌都与水产生了联系，要么提到云、泪珠，要么提到蒸汽、海洋，以及液体。

对于封面设计，我想拍摄保罗闭眼的样子，但他拒绝了，因为他不想这样呈现这个年龄段的自己。因此我换了个思路，我打算用一个婴儿的眼睛，专辑中也提到了婴儿，特别是在 Beautiful 这首歌中。我一下找到了灵感，我让乔夫·斯佩尔拍一些他一岁大儿子杰特（还有我的教子）的照片。我没跟乔夫说具体要求，让他自行去拍摄杰特不同的面部表情。结果棒极了，整个项目设计的最后一个环节也随着封面画面的确定而大功告成。

A 歌词本的最终排版。只更换了其中三张插图，我把涉及"水"的单词加粗这一设计并没有被采纳。虽然保罗提到过这一关键词，但他并不希望如此地过于强调。不过我在标题和目录页保留了以水为核心的图像。

B 2008年秋天和保罗在国家设计奖现场，后来……

COOPER-HEWITT NATIONAL DESIGN AWARDS

*To Chip!
Congratulations!
Laura Bush*

The White House
July 10, 2006

The National Design Awards were conceived in 1997 by the Smithsonian's Cooper-Hewitt, National Design Museum to honor the best in American design.

First launched at the White House in 2000 as an official project of the White House Millennium Council, the annual Awards program celebrates design in various disciplines as a vital humanistic tool in shaping the world, and seeks to increase national awareness of design by educating the public and promoting excellence, innovation, and lasting achievement. The Awards are truly national in scope—nominations for the 2005 Awards were solicited from a committee of more than 800 leading designers, educators, journalists, cultural figures, and corporate leaders from every state in the nation. A suite of educational programs is offered every year in conjunction with the Awards, including a series of public programs, lectures, roundtables, and workshops based on the vision and work of the National Design Award winners.

The winners and finalists of the National Design Awards are chosen each year by a distinguished jury composed of design leaders:

2005 JURY

Ron Arad, founder, Ron Arad Associates, London

Andrea Cochran, principal and founder, Andrea Cochran Landscape Architects, San Francisco

Li Edelkoort, chairwoman, Design Academy Eindhoven, The Netherlands

David Rockwell, founder, The Rockwell Group

Jeff Speck, director of design, National Endowment for the Arts

Frank Stephenson, director of design, Fiat and Lancia

Nadja Swarovski, vice president of international communications, Swarovski

Michael Vanderbyl, founder, Vanderbyl Design

Michael Volkema, chairman of the board, Herman Miller, Inc.

2006 JURY

Cindy Allen, editor-in-chief, *Interior Design*

Yves Béhar, founder, fuseproject, San Francisco

Michael Bierut, partner, Pentagram

Roger Mandle, president, Rhode Island School of Design

Enrique Norten, principal, TEN Arquitectos

Janet Rosenberg, principal and founder, Janet Rosenberg + Associates

Stefano Tonchi, style editor, *The New York Times Magazine*

FINALIST CHIP KIDD

Chip Kidd

Divided Kingdom by Rupert Thomson, published by Knopf

Writer and graphic designer Chip Kidd has been designing book jackets for Alfred A. Knopf since 1986. His innovative work has helped spark a revolution in the art of American book packaging. Kidd has written about graphic design and popular culture and is an editor of comic books for Pantheon, a Knopf subsidiary. His work will be included in Cooper-Hewitt's 2006 *National Design Triennial*.

荣誉的勋章

国家设计奖（National Design Awards）象征着各领域中的最高成就，特别是其平面设计奖项，更是同类奖项中极具含金量的一项；它被归纳为"传达"这一奖项大类中。你无法申请参与评选，你只能被提名，然后入围参加决赛。2006年我很幸运地入围决赛，不过没有获奖，第二年再次入围，这次终于获奖。整个过程中，我两次被邀请到白宫参加庆典活动。而且你还可以带两名陪同人员一同前往，第一次我带上了我的父母，第二次是我先生。仪式在午餐时间东楼举行，第一夫人也亲自到场。我参与的两次都是劳拉·布什（Laura Bush）。她亲切、优雅、和蔼可亲，但是在活动开始之前的几周，设计圈内对这个奖有着不小的争论。伊拉克战争已经彻底爆发，一些提名者开始抵制这个活动表示抗议。我对此有反对意见，这个设计奖和伊拉克战争毫无关联，而且这是美国政府通过史密森学会官方认可的一个设计奖项。我真觉得这种行为非常疯狂和差劲，我肯定不会这样做。

我永远记得布什夫人对我母亲说的话，"你原来肯定经常带他去图书馆，然后这样培养他对图书的喜爱"。的确如此。第二年，桑迪作为我无比骄傲的伙伴和我一起来的时候，她也如此热情地欢迎我们。

A　我第二年获奖的时候，保罗·西蒙答应我来做获奖祝词。真是不可思议，他对我而言真是太伟大了。

B　国家设计奖项目，由第一夫人劳拉·布什亲笔签名。

C　2006年候选人的合影。我为自己没有穿黑色或者灰色服装而感到自豪。我穿的其实是吉尔·桑达（Jil Sander）的西服套装。嘿，那会儿可是夏天，而且是在西部。

D　劳拉·布什、我、我父母汤姆·基德和安·基德（Tom Kidd and Ann）的合影。我们都不知道该看向谁。布什夫人真的非常出色，她在美国推广文学方面做出了重要贡献。

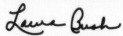

身体政治

我第一次有幸与约翰·吉泽玛（John Gerzema）和迈克尔·D'安东尼奥（Michael D'Antonio）合作了《消费转移》，他们的第二本书《雅典娜主义》（*The Athena Doctrine*）则完全不同。这本书提出了一个简单却颇具挑战性的假设：女性与生俱来在领导力上优于男性，在历史上也有充足的证据证明这个观点。

我首先以橄榄枝（下图）为主要设计元素，不过有些平淡无奇，而且它的性别特征不够明显。经过调研，我发现位于英国布莱顿霍夫的1912和平雕像（右图）是个不错的选择。天使、准备张开的羽翼、橄榄枝、象征地球的球体，它包含了所有需要的元素。我以剪影造型把它呈现在封面上，以便排版和方便阅读，并最终传递出一种无畏的英雄气概和希望。

A 巴斯出版社（Jossey-Bass），2013。
B 哈佛商业评论出版社（Harvard Business Review Press），2006。

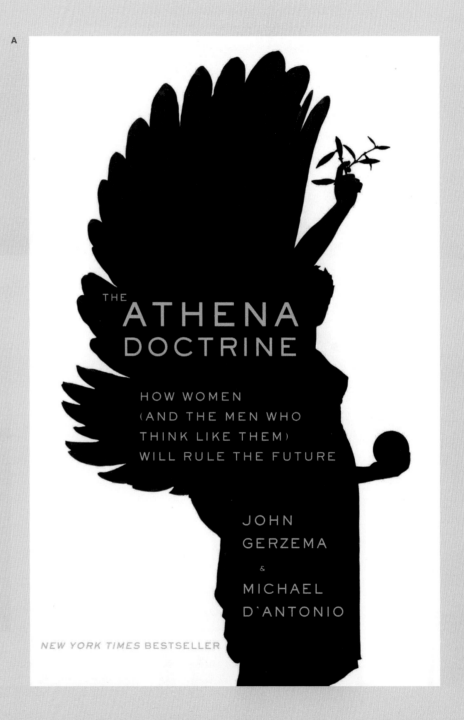

我最初对于《婴儿那些事》(The Baby Business)的封面设想是加上一个条形码(也许在他/她的屁股上?),但这有点过于直接和戏谑。于是我尝试把婴儿的面部和一张收据拼贴在一个画面中(下图),看起来还不错,但依然缺乏吸引力。我又做了一些调研,然后发现这张惊艳的照片,拍摄主体当然是米开朗基罗创作的雕塑作品(右图)。现在额外增加的条形码使他看起来严肃多了,画面还是采用曾经用过的并列排版。这件雕塑流露出诡异的氛围,尤其是眼睛和皮肤的质感更使得这件艺术作品与真实的生命无异。

奇普・基德的设计世界:
关于村上春树、奥尔罕・帕慕克、尼尔・盖曼、伍迪・艾伦等作家的书籍设计故事

ABRAMS COMICARTS

ABRAMS COMICARTS

ABRAMS COMICARTS

有趣的机构

我的好朋友查理·科赫曼（Charlie Kochman）曾与我一起在DC漫画共事，他后来于2015年去艾布拉姆斯图书（Abrams Books）出任选稿编辑一职。接下来的几年，他负责执行常规作品审查，后来在纽约动漫展（New York Comic Con）上一个小伙子问他，"你愿不愿意看看这个在网络上连载的连环画？"当时网络漫画还不是很成熟，但查理欣然同意。严格意义上来说，他看的并不是真正的漫画，但也不是那种文字类的读物，而是两者的结合。故事讲述的是一个呆呆的小男孩用各种疯狂的举动和想法游走于学校和家庭之间。查理有点喜欢这个故事，他又深入地看了看，然后发现自己真的很喜欢这部连环画。长话短说，他想以书的形式出版，但他的领导不同意，理由是这部连环画的目标读者群体不够明确，而且书里图画与文字组合的形式有点奇怪。查理据理力争，再次与他的领导讨论，最终成功了。2007年4月，《小屁孩日记》（*Diary of Wimpy Kid*）正式出版。

呃哼。（天呐，我真的爱死这部连环画了。）作为回报，查理有了自己的出版社品牌供他运营，2008年，艾布拉姆斯漫画与艺术（Abrams ComicArts）首次亮相。我被委派设计他们的LOGO，乐意之至。设计灵感是这个LOGO的三个主要组成元素——Abrams，Comics，Art，它们任何一个可以被当成三者的任意组合（对页图），并在印刷过程中采用基础亮色。这个方法同样适用于纯黑色或纯白色上面，当它出现在一本书的书脊靠下的位置时可以非常清晰地被读者注意到（见240页）。我还设计了简介小册子（右图），当然还有展会工作牌上的绳子（左图）。

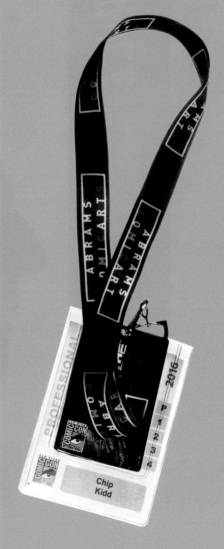

奇普·基德的设计世界：
关于村上春树、奥尔罕·帕慕克、尼尔·盖曼、伍迪·艾伦等作家的书籍设计故事

史帕基的故事

大卫·米凯利斯（David Michaelis）为查尔斯·M.舒尔兹（Charles M. Schulz）编写了非常详尽且独具代表性的传记，对于这本书的设计，无论是作者还是我都没有想到如此具有挑战性。这个项目一经提出，作者和舒尔兹的家人都纷纷互相示好。舒尔兹去世后，大卫被钦点作为这本传记的作者，他的上一本书是N.C.怀斯（N.C. Wyeth）的传记，写得非常精彩而且拿了奖。N.C.怀斯是安德鲁·怀斯（Andrew Wyeth）的父亲，也是舒尔兹的艺术偶像之一。在超过六年的创作时间中，一切都很顺利，所有人都为大卫进行的各种采访提供便利，他也拿到非常丰富的记录和素材。

A 一个很普通的设想，效果不如最终版。
B 在真正的挑战开始之前我的初步设想，采用了由Holgar Klopfel创作的经典剪影造型，那是舒尔兹安排的最后一次拍摄。

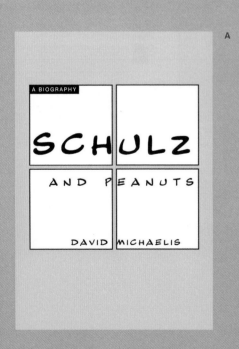

但是当大量的文字稿件送来，所有相关人员都想了解一下的时候，事情就不那么简单了。项目变得面目全非。从舒尔兹那一方的种种行为开始，失望在我们之间蔓延开来。他们打算中止这本书的出版，但已经签订了非常明确的合同。当不再有法律层面的纠纷时，他们不让舒尔兹的肖像和他的签名出现在这本书的封面上。此时，米凯利斯激动地跟我说，如果我愿意，我可以随时退出这个项目而不负任何责任。我拒绝了。我想这是一本非常好的书，同时珍妮·舒尔兹（Jeannie Schulz），以及佩奇·布拉多克（Paige Braddock）和我的关系还不错，后者是舒尔兹离世时的助理，一位非常有价值的员工。他们从没劝我放弃设计这本书的封面，但是我只能说，事情发展到这个地步已经难以挽回了。

C 我为《唯剩精华》（Only What's Necessary）封面设计给出的最终提案。

D 最终版的封面，使用了一种跟舒尔兹的笔迹非常相似的字体。黄色背景上的黑色折线图案非常抽象，但它的象征意义非常明确。哈珀出版社，2007。

A	Abrams ComicArts，2015。
B	用做封面的原画。
C	书中出现的一些内容。

Chip Kidd :
Book Two

这个呆萌的家伙

那本书后来终于以《唯剩精华》的名字出版，其间几乎过了十年，成品与这部传记最初的设想相去甚远。首先，我是这本书的作者。更关键的是，这本书以图画为主，对舒尔兹作为艺术家而给予非常高的赞誉；这本书也从查尔斯·M.舒尔兹博物馆和位于加州的圣罗莎研究中心（开设于2002年8月）那里获得了许多资料。

这个项目源于我和查理·科赫曼在艾布拉姆斯图书（218–219页）的一次谈话，我们打算做一本最完善的关于舒尔兹原画艺术的书。珍妮·舒尔兹（他的遗孀）以及展览馆工作人员在过去十年间收集、归纳他的原作及相关材料，但却没有出版官方图录。事实上，在他们网站上最接近官方图录的是我为花生图书做的第一本书，《查尔斯·M.舒尔兹与他的花生艺术》（Peanuts and the Art of Charles M. Schulz）。

珍妮，舒尔兹的后代们，佩奇·布拉多克（我的好友兼舒尔兹授权工作室的创意总监），展览馆的工作人员，以及Peanuts Worldwide都为这个项目做出了贡献，他们的付出功不可没。这本书就是最好的证明，我对所有人的努力表示由衷的感谢。

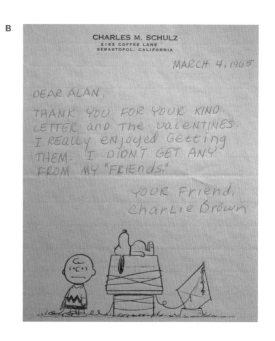

作为粉丝，我最想看到的，正是他们可以找到的那些图画。他们果然没有让我失望。我很惊讶，同时也很惊喜，因为众所周知，舒尔兹对于自己的创作非常漫不经心，他经常随手丢弃或者送给他的读者和朋友。从他14岁少年时期创作的《雷普利信不信由你》（Ripley's Believe It or Not）到1999年末期未出版的连环画，博物馆收藏的资料之全面令人感到不可思议，无论是规模上还是对于艺术家各方面作品的保存上都令人钦佩。他们做得真的不简单。这个男人一生都在写写画画，一边精心呵护5个孩子长大成人，一边创造出了足以跟迪士尼抗衡的流行文化帝国。我还想补充的是，在这55年中，他从没想过请助理来帮他完成这些漫画。这部漫画是他作为艺术家和他未来人生的必然使命。

在乔夫、查理和我拍摄这些素材的时候，我们开始思考这本书的名字。查理好像记得舒尔兹曾用一个短语来概括他极简的卡通风格——"只保留那些必要的（only what was necessary）"，他以这个准则来创作角色以及他们的思维世界。我们都很喜欢这句话，而且觉得这是用一种非常独特而且简洁优雅的方式去描述我们所熟知的漫画故事。所以我们在拍摄阶段就决定了书名和封面设计。珍妮和佩奇对这个设计方向寄予很大期望，并提供了很多实质上的帮助和支持，就像莱纳斯永远力挺南瓜大王那样。可结果是，我们无法从任何记录在案的查尔斯·M.舒尔兹访谈文件中找到"只保留那些必要的"这一引用。而且这个简化到极致的封面设计只有7根线条，组成了查理·布朗的面部，没有使用任何文字，这在花生图书中还是首例。但是他们非常信任我们，认为这就是艺术家的精华，我们对此表示无比感激。

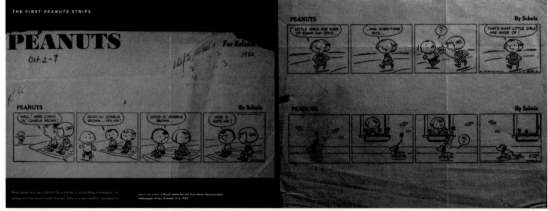

我很荣幸能够参与大卫·范·泰勒（David Van Taylor）2007年的纪录片《史努比之父舒尔兹》（*Good Ol' Charles Schulz*），该纪录片是美国公共电视网（PBS）出品的美国大师（American Masters）系列中的一集。我的评论着重于花生系列连环画的设计，以及它的首次亮相如何从众多漫画作品中脱颖而出。

他们在我的公寓完成了我那部分的拍摄，但我们稍微布置了一下，让背景画面中出现一个贺曼公司的史努比挂画，虽然在焦点之外，但摄像机偶尔也会扫到它。整个纪录片非常精彩（尽管我也出镜了），其中一组20世纪40年代在艺术指导公司（Art Instruction Inc.）拍摄的史帕基（史努比小名）镜头更是画龙点睛之笔。

A　纪录片开头画面。

B　在讨论查尔斯·M.舒尔兹的时候，不经意间拍摄到了史努比。

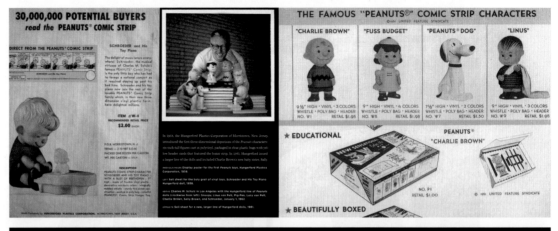

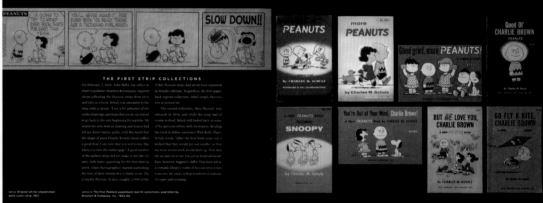

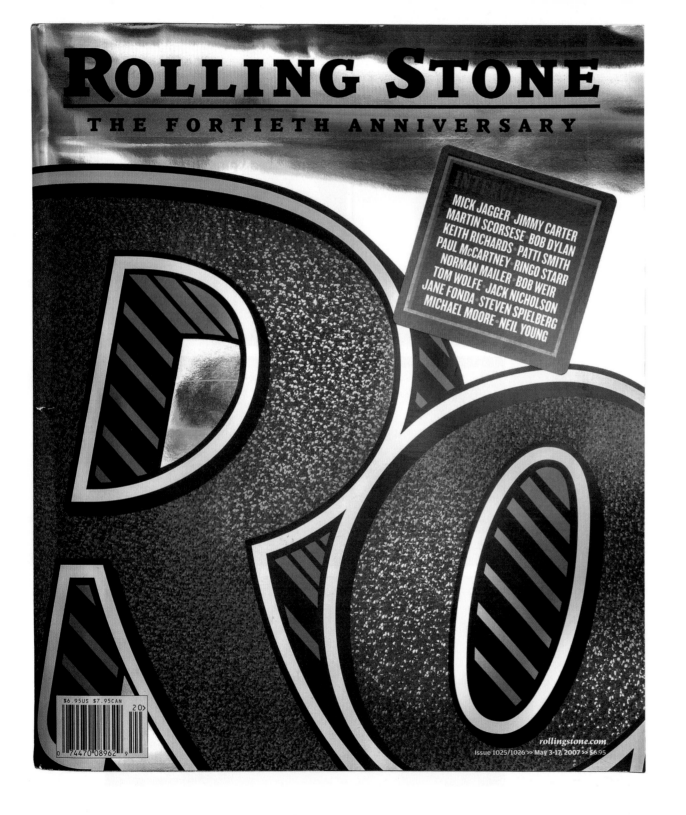

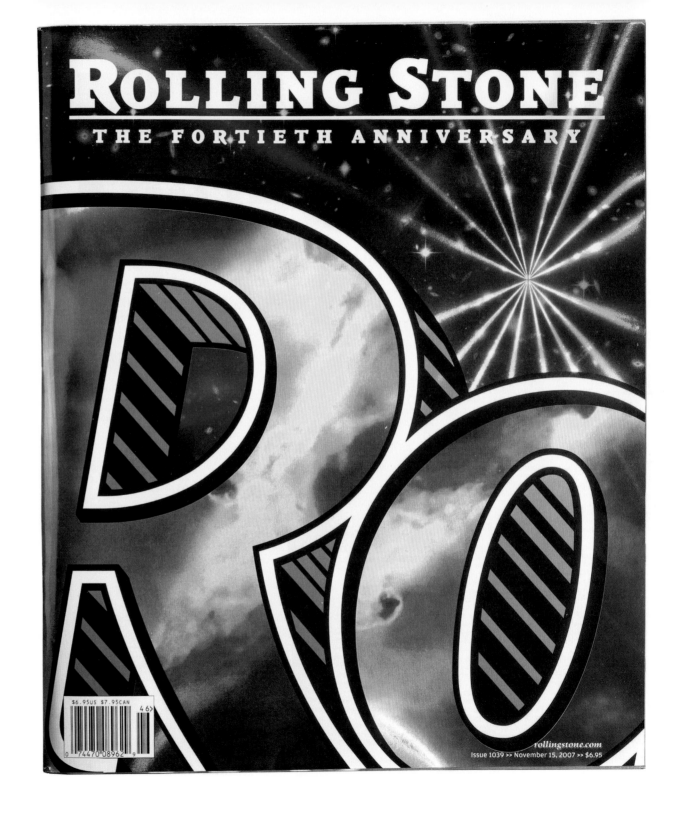

奇普·基德的设计世界：
关于村上春树、奥尔罕·帕慕克、尼尔·盖曼、伍迪·艾伦等作家的
书籍设计故事

A   当我得知《滚石》杂志要让我在艺术总监阿米德·卡皮西（Amid Capeci）的指导下，为他们四十周年刊设计封面的时候，我非常期待这次合作。我想把滚石的LOGO放大，让它看起来像数字40，但这难以实现，不过简·温纳（Jann Wenner）很喜欢这个创意。这三个画面基于三个概念：40周年纪念、爱之夏（Summer of Love，1968）、未来。第一个画面中的红色金属片是我向电视剧帕曲吉一家（The Partridge Family）中克里斯·帕曲吉（Chris Partridge）的架子鼓的致敬。

A

你会爱上它的

设计完40周年刊的封面后,《滚石》(Rolling Stone)杂志又给我了两个不错的设计项目。第一个是采访我的偶像加里·特鲁多(Gary Trudeau),主要访问内容是关于他创作的经典连环画《杜恩斯比利》(Doonesbury)(下图)。这毫无疑问是一个让我颇感意外却无比欣喜的向他介绍我自己的机会,我从小就很喜欢他的作品。

第二个是与艺术总监乔·哈金森(Joe Hutchinson)一起为杂志设计封面,主题是21世纪最棒的音乐(右图)。他写道:"奇普把Rolling Stone LOGO中的两个O去掉,然后把它们放在画面中央组成两个零。真是绝妙的创意。棒极了。目前这个阶段背景是空的,我们打算用这十年的艺术家群像去填满。但当我们设想这些艺术家的时候,我们发现如此增加这些照片似乎会弱化原本的概念。我打给吉姆·帕金森(Jim Parkinson),现在仍在使用的LOGO就是他1981年设计的。我们请他重新描绘这个封面,使得两个字母O尽可能大地呈现在画面中。奇普和我尝试了很多种色彩搭配,大部分都不太合适。因此我决定采用《滚石》杂志经典的色彩搭配:红色、白色、黑色和灰色,同时黄色作为标题的点缀。我也去掉了副标题,让整个封面更加简洁。"

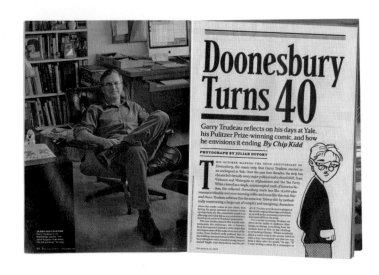

听起来棒极了

奥利弗·萨克斯（Oliver Sacks）编辑了一本关于音乐是如何在大脑中工作的书，他和他的助手凯特·埃德加（Kate Edgar）在为这本书命名的时候遇到了困难。当时（2007年）阿尼路·佩特尔（Aniruddh D. Patel）写了一本书叫《音乐、语言与大脑》（*Music, Language and the Brain*），这本书一出版就备受关注，其中也包括奥利弗本人。所以即便萨克斯书中的内容截然不同，《音乐与大脑》（*Music and the Brain*）这样的名字也很有可能让人混淆。虽然书中是这些内容没错。最终，凯特发给我新的书名——《一些关于令人着魔的音乐，以及旋律与大脑的有趣故事》（*Something, Something, Musicophilia, and Other Tales of Music and Brain*）。一般来说，作为设计师，他们给我什么书名我就以此来做设计，但我认识奥利弗和凯特挺长时间了，我觉得这个书名太过冗长，我决定给他们一些建议。首先，我问凯特"musicophilia"是什么意思。她笑着说这是奥利弗自己创造的词汇，意为"对音乐的痴迷"。这是个很不错的想法，我跟她说这才应该是书名，然后用副书名去做进一步的解释说明。他们同意了，这也是我唯一一次参与不是我编写的书的书名选定。

翻看《说故事的人》（*On the Move*）的原稿频频让我感到震惊，我从不知道奥利弗在这本书中如此直率和坦诚。我很早就知道他是同性恋，他在这一点上考虑得也很周全，我完全理解。但现在他用如此的方式广而告之。凯特发给我许多照片用来参考，但我心中已经有了最佳答案（对页右图）。我是说，看呐，多么光彩闪耀。他的名字来自多年前的一张医疗识别卡，我也用于Vintage出版社的再版书中。

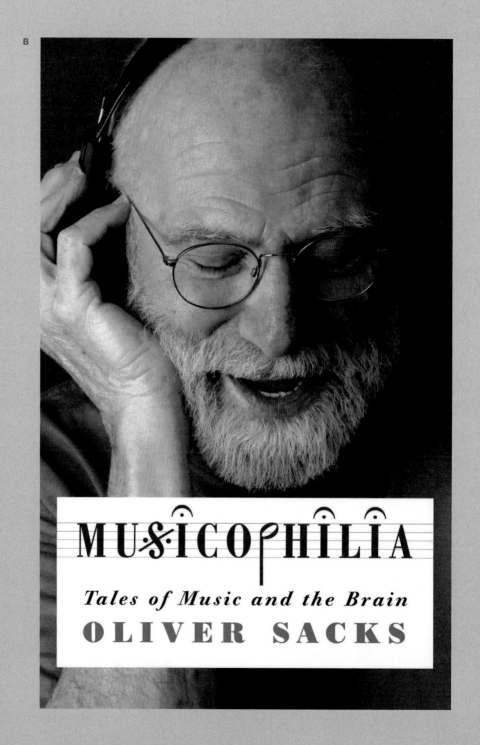

然后突然之间，这本书从2015年秋季出版名单中移到了2015年夏季。很不寻常，好在封面设计早就做好并且通过。我问编辑也是我的朋友丹·弗兰克（Dan Frank）为什么档期提前了，他的答复令人绝望：奥利弗被诊断为癌症晚期，恐怕撑不过今年了。

虽然他最终没能挺过去，但他通过在《纽约时报》上的一篇专栏，向无数喜欢他的人展示他是如何与疾病对抗，如何精彩地生活下去，创造出这些伟大的作品。每个人都被他的勇气和坦诚所感动。

A 我请克里斯托弗·尼曼设想出一些音乐和大脑组合的小设计，这是其中之一。虽然没有被采纳，但我很喜欢它们。

B 克诺夫出版社，2007。第一版设计只出现了"五线谱"式的字体，但是当我们看到艾琳娜·赛波特（Elena Seibert）给作者拍摄的照片时，我们想如果不用就太可惜了。

C 克诺夫出版社，2015。

在《恋音乐》(*Musicophilia*)之后是《心灵的眼睛》(*The Mind's Eye*，右图，克诺夫出版社，2010)，奥利弗在这本书中解释了视觉与大脑的联系。我使用了模仿视力表的画面作为封面素材，填充上颜色（奥利弗的建议），并增加一些模糊的小点，以此向读者传递出一种"这里面有点问题"这样的感觉，但仍然保证上面的文字可以被识别出来。我很惊讶，当然也非常感激，团队中没有人对我把奥利弗名字拆分的设计提出异议。奥利弗很喜欢这个设计，他还让我在再版书中沿用这个设计（下图和对页图）。可惜，这个提议最终未被采纳。

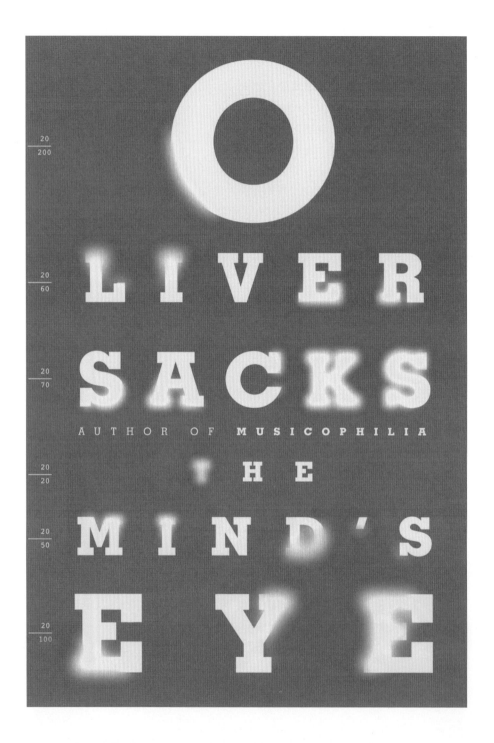

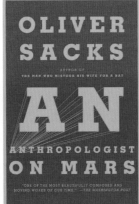

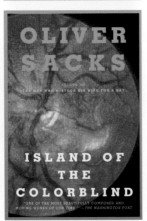

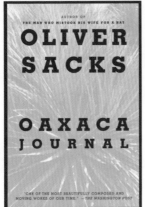
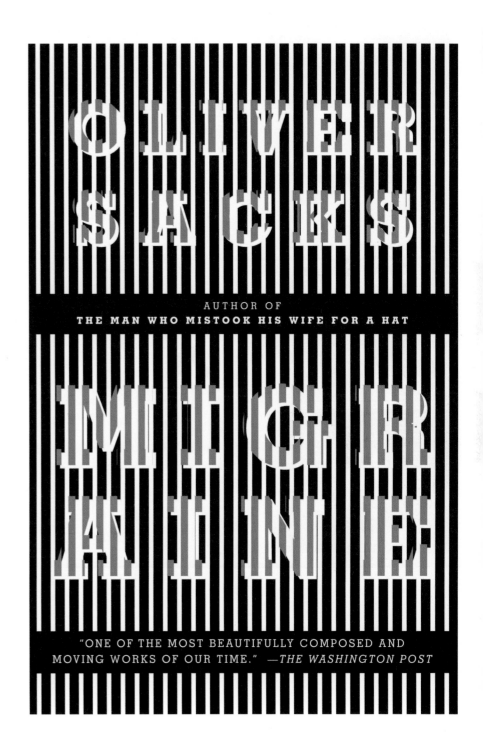

奇普·基德的设计世界：
关于村上春树、奥尔罕·帕慕克、尼尔·盖曼、伍迪·艾伦等作家的
书籍设计故事

A

B

我每次为杂志做设计，特别是每周发行的那种，都提醒我一本书的出版过程有多冗长，通常都要提前至少8个月时间。如果有哪里需要调整（出版过程中肯定有很多地方需要调整），那肯定会耗费数周去执行。

但我在《纽约杂志》（对页右图）上为朱迪斯·里根（Judith Regan）设计的画面，这本“书”的标题连续4天，几乎每15分钟就要变动一次，直到定稿之日迫近。而且他们需要确认每次新书名的画面（并非不无道理，但还是，你懂的）。改一次可以，但我不能按照他们的频率一直修改。我很佩服能这么做的人。

C

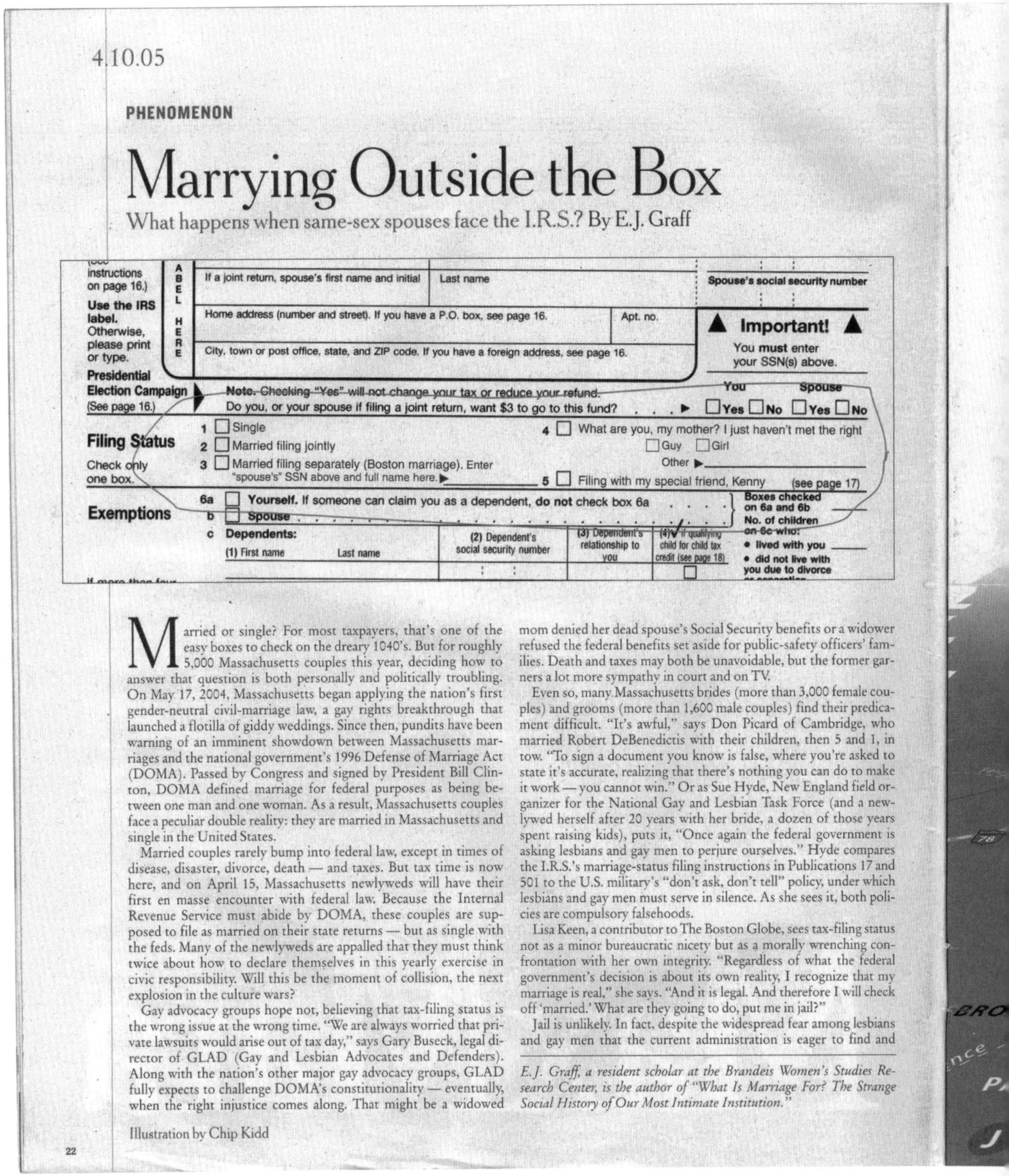

4.10.05

PHENOMENON

Marrying Outside the Box

What happens when same-sex spouses face the I.R.S.? By E.J. Graff

(See instructions on page 16.)
Use the IRS label. Otherwise, please print or type.
LABEL HERE
If a joint return, spouse's first name and initial | Last name | Spouse's social security number
Home address (number and street). If you have a P.O. box, see page 16. | Apt. no.
City, town or post office, state, and ZIP code. If you have a foreign address, see page 16.
▲ Important! ▲ You must enter your SSN(s) above.
Presidential Election Campaign (See page 16.)
~~Note. Checking "Yes" will not change your tax or reduce your refund.~~
Do you, or your spouse if filing a joint return, want $3 to go to this fund? ▶ You ☐Yes ☐No Spouse ☐Yes ☐No
Filing Status — Check only one box.
1 ☐ Single
2 ☐ Married filing jointly
3 ☐ Married filing separately (Boston marriage). Enter "spouse's" SSN above and full name here. ▶
4 ☐ What are you, my mother? I just haven't met the right ☐Guy ☐Girl Other ▶
5 ☐ Filing with my special friend, Kenny (see page 17)
Exemptions
6a ☐ Yourself. If someone can claim you as a dependent, do not check box 6a
b ☐ Spouse
c Dependents: (1) First name Last name | (2) Dependent's social security number | (3) Dependent's relationship to you | (4) ✓ if qualifying child for child tax credit (see page 18)
Boxes checked on 6a and 6b
No. of children on 6c who:
• lived with you
• did not live with you due to divorce or separation
If more than four

Married or single? For most taxpayers, that's one of the easy boxes to check on the dreary 1040's. But for roughly 5,000 Massachusetts couples this year, deciding how to answer that question is both personally and politically troubling. On May 17, 2004, Massachusetts began applying the nation's first gender-neutral civil-marriage law, a gay rights breakthrough that launched a flotilla of giddy weddings. Since then, pundits have been warning of an imminent showdown between Massachusetts marriages and the national government's 1996 Defense of Marriage Act (DOMA). Passed by Congress and signed by President Bill Clinton, DOMA defined marriage for federal purposes as being between one man and one woman. As a result, Massachusetts couples face a peculiar double reality: they are married in Massachusetts and single in the United States.

Married couples rarely bump into federal law, except in times of disease, disaster, divorce, death — and taxes. But tax time is now here, and on April 15, Massachusetts newlyweds will have their first en masse encounter with federal law. Because the Internal Revenue Service must abide by DOMA, these couples are supposed to file as married on their state returns — but as single with the feds. Many of the newlyweds are appalled that they must think twice about how to declare themselves in this yearly exercise in civic responsibility. Will this be the moment of collision, the next explosion in the culture wars?

Gay advocacy groups hope not, believing that tax-filing status is the wrong issue at the wrong time. "We are always worried that private lawsuits would arise out of tax day," says Gary Buseck, legal director of GLAD (Gay and Lesbian Advocates and Defenders). Along with the nation's other major gay advocacy groups, GLAD fully expects to challenge DOMA's constitutionality — eventually, when the right injustice comes along. That might be a widowed mom denied her dead spouse's Social Security benefits or a widower refused the federal benefits set aside for public-safety officers' families. Death and taxes may both be unavoidable, but the former garners a lot more sympathy in court and on TV.

Even so, many Massachusetts brides (more than 3,000 female couples) and grooms (more than 1,600 male couples) find their predicament difficult. "It's awful," says Don Picard of Cambridge, who married Robert DeBenedictis with their children, then 5 and 1, in tow. "To sign a document you know is false, where you're asked to state it's accurate, realizing that there's nothing you can do to make it work — you cannot win." Or as Sue Hyde, New England field organizer for the National Gay and Lesbian Task Force (and a newlywed herself after 20 years with her bride, a dozen of those years spent raising kids), puts it, "Once again the federal government is asking lesbians and gay men to perjure ourselves." Hyde compares the I.R.S.'s marriage-status filing instructions in Publications 17 and 501 to the U.S. military's "don't ask, don't tell" policy, under which lesbians and gay men must serve in silence. As she sees it, both policies are compulsory falsehoods.

Lisa Keen, a contributor to The Boston Globe, sees tax-filing status not as a minor bureaucratic nicety but as a morally wrenching confrontation with her own integrity. "Regardless of what the federal government's decision is about its own reality, I recognize that my marriage is real," she says. "And it is legal. And therefore I will check off 'married.' What are they going to do, put me in jail?"

Jail is unlikely. In fact, despite the widespread fear among lesbians and gay men that the current administration is eager to find and

E.J. Graff, a resident scholar at the Brandeis Women's Studies Research Center, is the author of "What Is Marriage For? The Strange Social History of Our Most Intimate Institution."

Illustration by Chip Kidd

22

A　艾略特·斯皮特（Eliot Spitzer）。有人记得他吗？《纽约杂志》，2008。

B　《纽约杂志》，2007。

C　很巧，美国最高法院在十年间认为这篇文章和这幅插图没什么关系。《纽约时报杂志》（*The New York Times Magazine*），2005。

ABSOLUTE DARK KNIGHT

……之前的黑暗

与大多数蝙蝠侠粉丝一样，我深深地沉醉在弗兰克·米勒创造的世界中，并奉他的系列作品《黑暗骑士归来》（*Dark Knight Returns*）为最高杰作。2003年我有幸可以参与重新设计普通版，并在2006年为DC设计终极豪华版，也就是本页所展示的。这个版本的封皮为硬皮精装版，并包有书衣，书衣下面的封面设计我选择非常经典的蓝黑配色，上面的剪影造型是第一卷精华的缩影（右图）。对于外层的书衣，弗兰克创作了新的插画（对页图），我非常想自己为它上色。一定要用大量的红色！

奇普·基德的设计世界：
关于村上春树、奥尔罕·帕慕克、尼尔·盖曼、伍迪·艾伦等作家的书籍设计故事

遗言

2012年7月末，双日出版社（Doubleday）的主编比尔·托马斯（Bill Thomas）把我叫到了他的办公室。他看起来很痛苦。"大卫（David Rakoff）时间不多了，他想让你设计他的书。"我的眼眶瞬间湿润了。认识他的人虽然已经预料到这种情况，但还是痛苦万分，而且我也好几个月没有听到他的消息了，我们上次见面还是去年2月他在桑迪SOHO的公寓里吃晚饭的时候。是的，因为癌症的关系，他的左臂几乎无法动弹，但他坚称没什么事，似乎看起来也没有大碍（他总是这样，试图不引起他的朋友的担心）。

但这回是真的不行了，他要与时间和病魔赛跑去完成他最后的作品，《爱，羞耻，婚姻，死亡，珍重，消逝》（Love, Dishonor, Marry, Die, Cherish, Perish）。他本打算自己设计画面，但不太现实，我需要选出最合适的人选。我的朋友，备受赞誉的多伦多艺术家、插画师塞斯（Seth）挺合适的 [他不久前为多萝西·帕克（Dorothy Parker）的一部作品设计封面，大卫的风格跟他的很相似]，但我需要确认他的档期和意向。他时间安排得非常紧凑，不过他明白这件事的重要性，为此他暂时抛开别的事务，专心完成这个设计项目。我永远记得他对此的付出。设计灵感是创造出书中角色的肖像画，从将要出现在封面上的红发玛格丽特开始。我对标题做了排版设计，让它们出现在她面部和身体的开孔中，当你翻开它时会发现字母出现在螺旋状画面中，只有再次合上封面才能发现完整的标题。我只能用手向大卫比画这个想法，以便在他……死前获得他的认可。

然后我们需要完成这本书剩余部分的设计和制作。来自双日出版社内部设计部门的迈克尔·克莱卡（Michael Collica）积极协调，确保我的创意可以有效地执行，安迪·休斯则负责监管封面上切孔的位置，确保它们落在相应的字母上，这样你才能看到正确的书名。我觉得我们所做的一切都很值得，这本书的反馈非常好，并且入选了《纽约时报》最畅销精装本小说名单。我相信大卫如果知道一定会很高兴的。

240

Chip Kidd :
Book Two

力量带来光明

我从小时候起就非常喜欢惊奇队长（Captain Marvel），读了所有20世纪40年代和50年代再版的，关于"全世界最强大的凡人"的冒险故事，当然我也看过DC漫画70年代重新出品的漫画。后来我发现这个传奇角色是由艺术家C. C. 贝克（C. C. Beck）基于演员弗莱德·麦克默瑞（Fred McMurray）创作的，起初于1940年由福赛特（Fawcett）出版，随后迅速成为最受欢迎的超级英雄角色。福赛特之后苦于DC公司大量的法律诉讼，DC公司认为惊奇队长和超人太过相似。这纯属空口无凭。惊奇队长与其他超级英雄的不同之处是他的真实身份，惊奇队长本是一位名叫比利·巴特森（Billy Batson）的无家可归的小男孩，他被古老的巫师沙赞（Shazam）选中，赋予了他惊奇队长的力量，只要他喊出沙赞的名字就可以变身（同时会伴随着标志性的闪电）。这是作家比尔·帕克（Bill Parker）和奥托·宾得（Otto Binder）共同的创意，无数的男孩沉迷于这个设定。当然，当比利的妹妹神奇玛丽（Mary Marvel）被推向公众的时候，女孩子们也爱上了这部作品，神奇玛丽后来成为惊奇家族中的重要成员，这也是超级英雄漫画中的开创性新设定。但DC公司最终赢得了诉讼，于60年代末拿到了角色的版权。

《沙赞！世界上最强大凡人的黄金年代》（*Shazam! The Golden Age of the World's Mightiest Mortal*）这本书的推出离不开哈利·梅特斯基（Harry Matetsky），他收藏了众多惊奇队长的作品，还让乔夫和我拍摄了大量的照片，由Abrams ComicArts出版。这是一本以超级英雄为核心内容的合集，原汁原味地呈现了原作的经典味道，对各种细节的刻画也是入木三分。我们制作的这本书还包括惊奇队长早期的一个小故事，作者是杰克·科比（Jack Kirby）和乔·西蒙（Joe Simon），他们也是美国队长（Captain America）的作者。这本书收录了福赛特为惊奇家族出版的各种出版物，比如用于翻译漫画中影藏信息的解码器、粉丝后援会的声明、袖标、纸质小玩具、戒指、游戏、模型等，他们与粉丝之间的互动非常紧密而高效。福赛特和DC一起，彻底地重新设定了粉丝与他们喜爱角色之间的联系，他们给读者传递充满个性化的信息，以此来获取，同时聆听读者们的真实反馈。

可惜没有"他"

音乐项目"Artbreak"源于2005年我与马尔科·佩特里(Marco Petrilli)的一次偶遇,他是我在宾夕法尼亚州上学时的室友。那时我40多岁,正在考虑重新玩玩音乐,没有什么特别的目的,可能就是想寻求些灵感与创意。我想像11岁到22岁那时的自己那样打鼓。这回呢,我想做的更多:我想在台上唱歌和表演。

1982年,宾夕法尼亚州立大学,马尔科和我住在Beaver楼的同一层。我们经常在走廊里碰到对方,他听到我在听蓝乐团(Blue Band)的音乐时,我们讨论起了音乐。后来我们经常边喝酒边交流直到深夜,不过也仅限于此。之后我选择了平面设计,他选择了经济学。这是自我们分别23年后的首次相遇。

2005年春天,我在纽约的Housing Works书店举行阅读会。马尔科排在队里,然后重新介绍了自己。他问我是不是还在做音乐?我说没有,有一阵子没碰过了,但在考虑重新回归。

马尔科和他太太与孩子住在纽约东村(East Village),他是一位当地音乐自由职业者。他知道一家性价比不错的排练室,后来的几周我们都在那里碰面。期初排练效果很差,是我的原因,打鼓可不像骑自行车,这更像重新熟悉一门需要协调你四肢的外语。不过马尔科很厉害,他独自弹奏,然后我们开始在我糟糕的鼓点下合奏。我们练了几次,我说:"如果我想出一个旋律,你可以把它写出来吗?"他说没问题,然后写了一首歌叫"Tracking Numb"。接下来的几年,我们制作了一张原创专辑,并在纽约的Joe's Pub酒吧举行演出。我们请导演加里·纳杜(Gary Nadeau)把我们的四首歌拍成了视频(YouTube上有,你们可以去看看)。马尔科和他太太终于有了第二个孩子,他们也搬到了得克萨斯的沃斯堡,我们的创作也因此受到了限制。他在那边的高中里开设了一所"摇滚学校",我2012年来过这里,举行了一个小型分享会,并于那年春天在达拉斯艺术博物馆里与孩子们一起演出。且看我们未来的音乐之路如何从这里继续发展……

Asymmetrical Girl歌词

She's wise to surmise
When it comes as no surprise

That the glints in her eyes
Are completely different-sized.

So what do you do
When your parents are all askew?

You take what you've got
And you make it new.

Look at all the plebes
sa-shaying with the sha-sha.
(You could baby-living-it-up in that world)
All you really need
Is leaning with the La-La.
(You could be asymmetrical girl)
Shredding the perceived
Of the raging social scene,
(You could baby-spinning-it-up in a swirl)
All you really need is a new identity.
(You could be Asymmetrical Girl!)
It's time for sublime
To buck the trend to rhyme.

And go for the broke-en
Jagged beauty line.
How smooth to pursue
A purview that's just for you.
So her ears don't align
And it looks just fine…

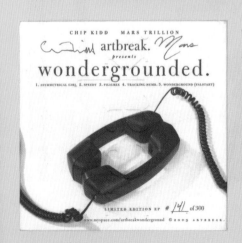

Real headliners

ONE of The Post's famous headlines is now a rock band. Novelist and designer **Chip Kidd** was so taken by our Aug. 27, 2006, headline, "Artbreaking" — about famed quadriplegic artist **Chuck Close**'s battle with a condo project threatening to block his studio's sunlight — he adapted it for the name of his group. Artbreak — which Kidd and bandmate **Mars Trillion** describe as "Bowie crashing the Cars into Joy Division going 300 miles per hour at 4 a.m. on Abbey Road" — will play Joe's Pub on Aug. 4.

CHIP KIDD presents ARTBREAK "Asymmetrical Girl"

Gary Nadeau

G.N. Subscribe 66   19,273

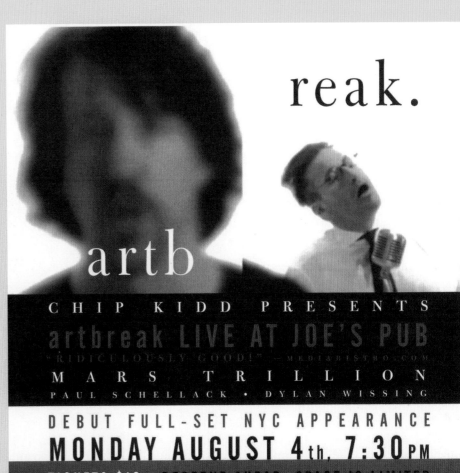

黑洞的孩子

布莱恩·格林（Brian Greene）被认为是他这一代的卡尔·萨根（Carl Sagan），他为年轻读者写了一本叫《时代前沿的伊卡洛斯》（*Icarus at the Edge of Time*）的小说，讲述了黑洞的原理，我的任务则是怎么把这本书呈现出来。问题很有意思：该怎么用图像的形式去呈现？故事发生在不远的未来，主角是一艘太空船上的小男孩（伊卡洛斯），他肩负着持续多年在太空深处探索的任务。他侦测到附近的黑洞，违背命令登上一艘小型太空船，出发去探索这个前所未有的神奇宇宙现象。

我首先想确认外太空究竟是什么样子，然后我找到了这些通过哈勃望远镜拍摄的照片。因为是太空中的照片，不属于任何个人，所有人在NASA的网站上都可以下载到高清晰度的照片。对此我颇感意外和惊喜。这也是我第一次觉得我上交的税金被用在了有价值的地方。

A　一个未被采用的设计，用于布莱恩2011年的书——《隐遁的现实》（*The Hidden Reality*）。

B　克诺夫出版社，2008。

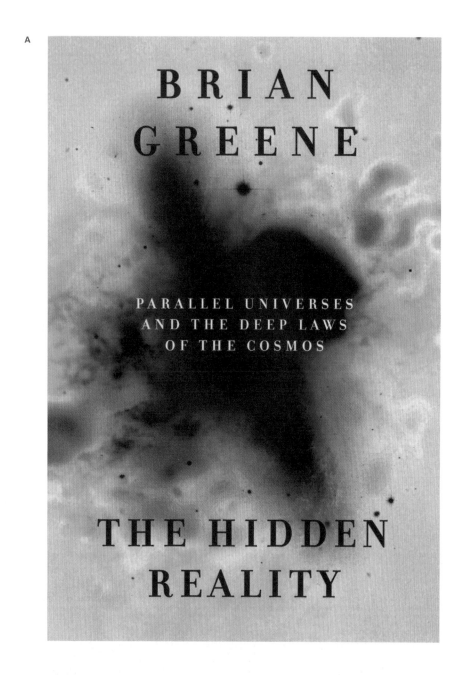

ICARUS AT THE EDGE OF TIME

BRIAN GREENE

author of THE ELEGANT UNIVERSE

设计概念是把黑洞放在画面中央,然后随着伊卡洛斯的接近而变大。同样的,他离开的时候,黑洞会变小,直到他回到地球。因为黑洞的物理特性和对时间的影响,为此付出的代价是几百年的时间飞逝。伊卡洛斯归来时成了探索宇宙的英雄,但他还是小孩子。

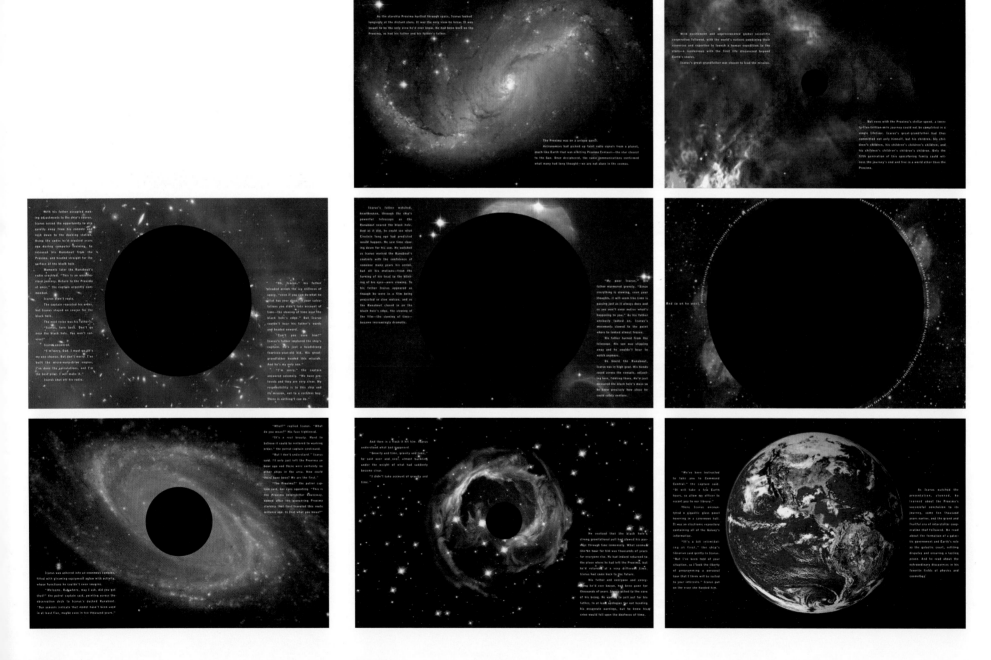

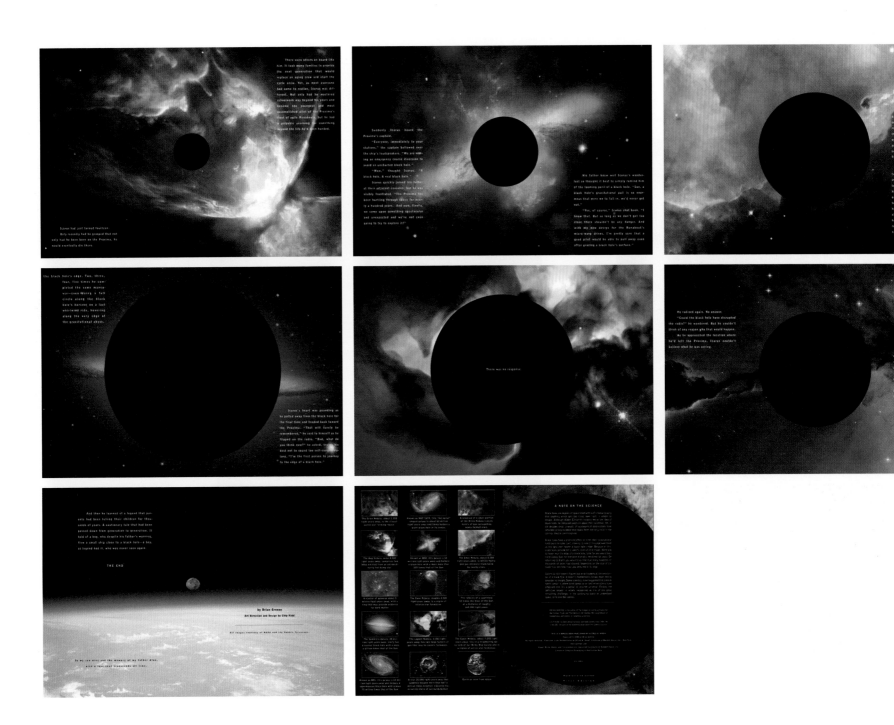

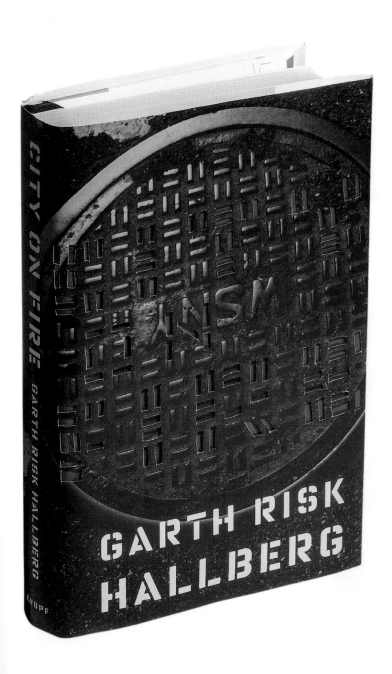 

这次的火

加斯·瑞斯克·哈尔伯格(Garth Risk Hallberg)所著的《火之城》的出版是当时纽约出版界的一件趣事,我们都认为这样的事不会发生第二次。这位年纪轻轻而才华横溢的作者写了关于纽约城的精彩故事,然后所有人都想出版这本书。就像是《虚荣的篝火》(Bonfire of the Vanities)换了一套全新的台前和幕后阵容。故事发生在20世纪70年代的纽约城,结束于1977年的灯火管制。封面使用了井盖上的纹理,然后从中呈现出书名(下图&对页图)。我自认为这是个很棒的创意。编辑持相反意见。开始尝试下一个灵感……

A 为精装版设计的封面,不过未被采用。然而普通版的封面选择了这个设计。霓虹灯效果的书名由特里·桑德斯完成。

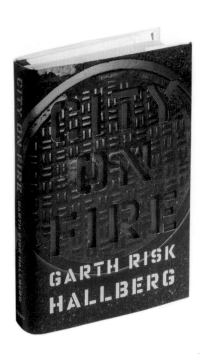

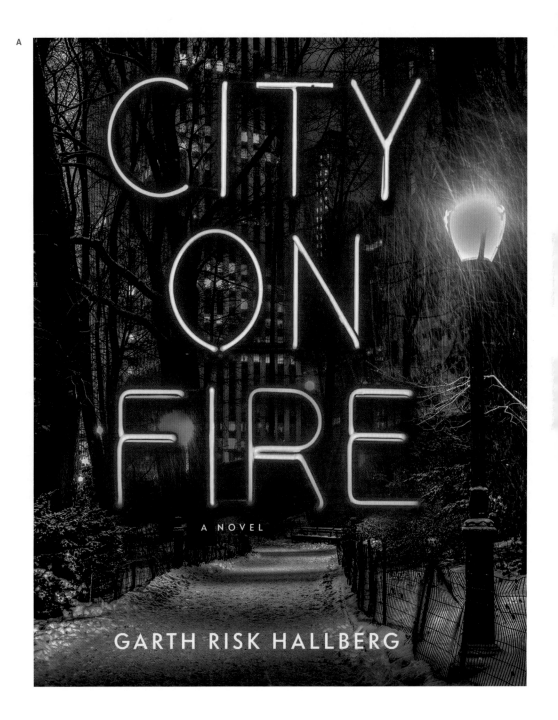

这本书里构建了很多层故事,因此我想在封面设计上反映出这个概念。最里层封面的黑白图片是加斯的建议,被我用在了这里(本页图)。有"ON"的那个画面是我在联合广场站地贴瓷砖上拍摄的。数字摄影师、艺术家特里·桑德斯(见46页)创作了霓虹灯效果的那层。这是我觉得最理想的封面概念了,但除我以外没人认同。我只能重新构想。对页上的封面设计氛围很浪漫,我觉得加斯都没有亲眼见过类似的场景。画面以一对接吻的情侣为主体,同时还出现了一辆即将进站的地铁列车。我尝试想出一种可以使用多层封面的包装。最终证明这个设计有些偏离要点,但我还得继续完成设计。

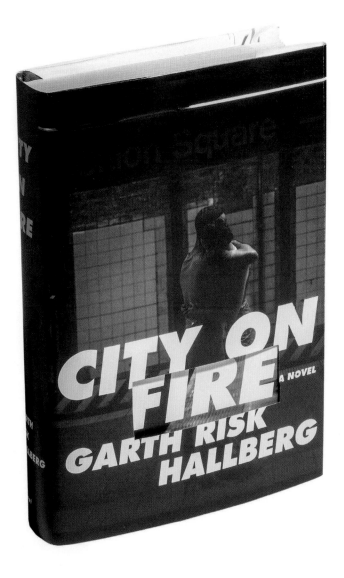
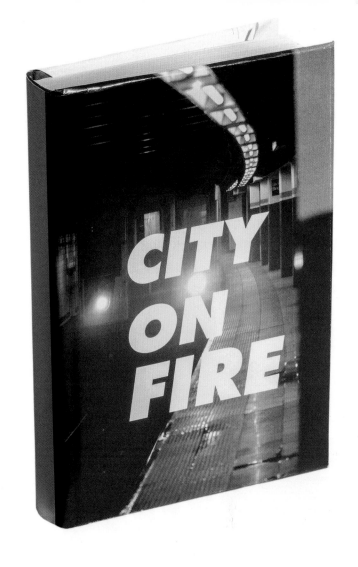

经过数月反复的尝试,编辑戴安娜·米勒(Diana Miller)给我了一个建议:"你为什么不能再灵活一点?"虽然听起来有点不明所以,但我马上理解了。书中的一些角色一直在做诸如朋克同人志的东西,做这样一本杂志意味着大量的手工作业。这正是封面设计需要呈现的。画面中一部分是纽约的烟火以及它们的历史,我把文章中关于设立在布鲁克林的烟花制造商,以及他们如何制作出这样的颜色效果的内容节选出来并打印。之后从这些文字中把标题字母剪出来,粘在烟花划过整座城市的画面上,封面的纸张拥有细腻的金属光泽,效果非常棒(下图&右图)。

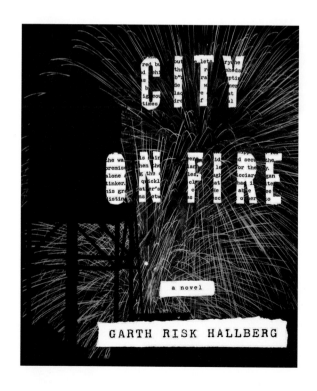

这次的设计终于通过了(最终版封面,左图)。我们采用了压纹印刷和柔光效果,让它们看起来像是人们一本一本手工制作的那样,加斯也签名了好几百本印刷好的书(下图)。

伟大的继承者

我为格洛丽亚·范德比尔特（Gloria Vanderbilt）做了27年的图书设计，从1989年她的小说《从不说再见》（*Never Say Goodbye*）开始。从此我们成了好朋友，我也为她更多的项目做设计（见下页）。但当她介绍给她儿子安德森·库珀（Anderson Cooper）时，我很渴望能一展身手。我设计了他2007年的回忆录《边缘信使》（*Dispatches from the Edge*），记录了他在很小的年纪选择成为外国新闻记者的经历。我当然很喜欢他，也被他追踪报道飓风卡特琳娜的勇气所打动。他对路易斯安纳州民主党参议员玛丽·兰德鲁（Mary Landrieu）关于这场灾难的询问也是勇气可嘉，堪称广播新闻界的里程碑。当我们在他CNN的办公室见面的时候，我们发现了彼此很多的共同点，比如他的《超级朋友》（*Super Friends*）中惊奇双胞胎（Wonder Twins）的鼠标垫。我的天呐！我们都是动漫狂人。我跟他说我小时候最喜欢的漫画角色是杰克·科比创作的卡曼迪（Kamandi）——一位飘逸的长发少年，很像查尔顿·西斯顿（Charlton Heston）在《人猿星球》（*Planet of the Apes*）中扮演的泰勒（Taylor）。卡曼迪生活在未来反乌托邦式的纽约城，他是地球上最后一个男孩。是的。那时安德森还没有公开出柜，但他与我分享了他作为同性恋的生活，从此我们的关系开始变得密切。

A 2013年5月23日，为《纽约时报书评》设计的封面插画。采用了英国"二战"时期经典海报中的元素——"保持冷静 继续前行（Keep Calm And Carry On）"，套用在谍报小说大师约翰·勒卡雷（John le Carré）的作品上很合适。

B 封面采用拼贴设计，呈现了他经历过的事情。真正让这个封面与众不同的是他名字中间的"分割物"。作为出版方，哈珀柯林斯出版社对这个元素提出了一些反对意见，但安德森说服了对方。当然在他下面有一团火，伙计，这可不是我刻意安排的，他当时就在那。

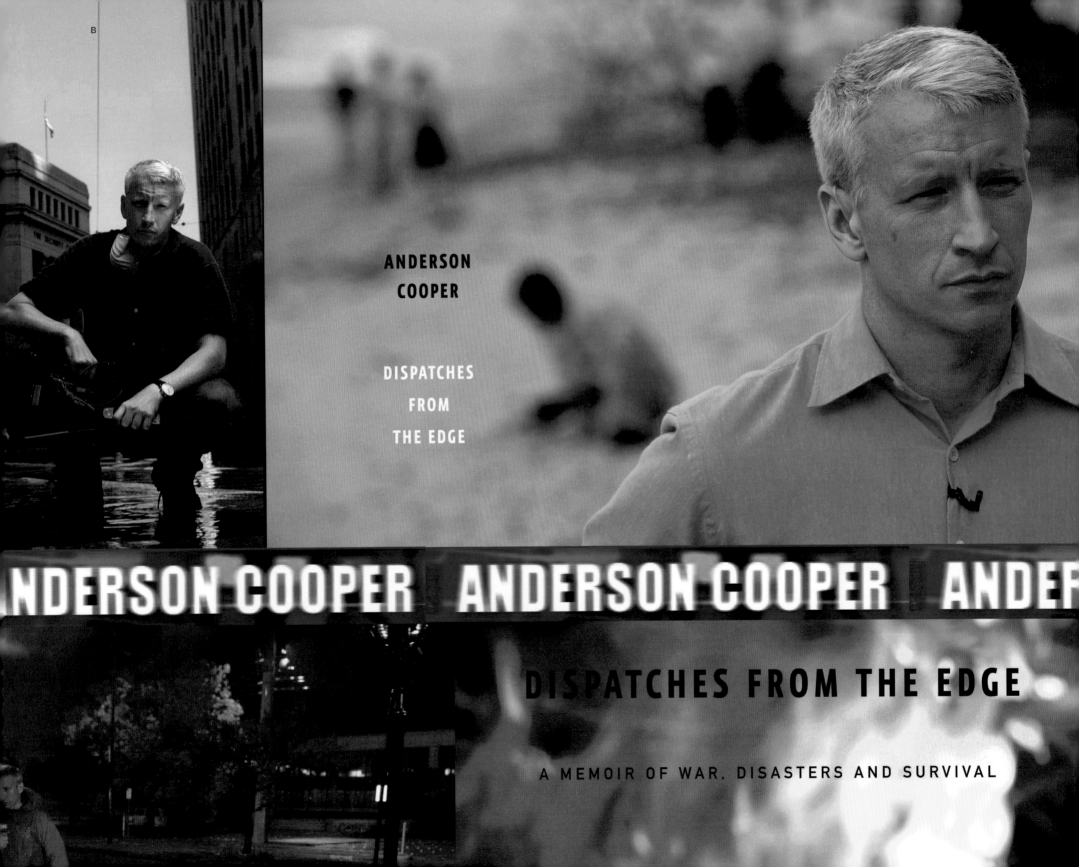

家族八卦

可惜，2016年我为《彩虹来了彩虹走了》（*The Rainbow Comes and Goes*）设计的封面（下图）没有获得哈珀柯林斯出版社的认可。这本书的内容是格洛丽亚与安德森之间长达一年的通信来往，公布了他们生活中许多之前未公开谈论的诸多方面。读者可以从中一窥这对杰出母子之间的联系，以及他们过去四十多年间克服的重重障碍与挑战。我使用了格洛丽亚的一张经典黑白照片，过渡到安德森的彩色照片上。后来我意识到这个封面与2009年我为格洛丽亚的小说《着魔》（*Obsession*，右图）设计的封面很像，不过这不是问题的关键。其实除了出版商的销售团队不喜欢它之外，我也不知道为什么他们否定了这个设计；他们想要两位主角更现代化的照片，这不就是吗？

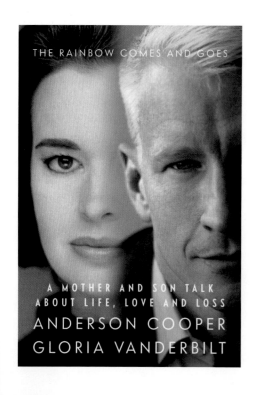

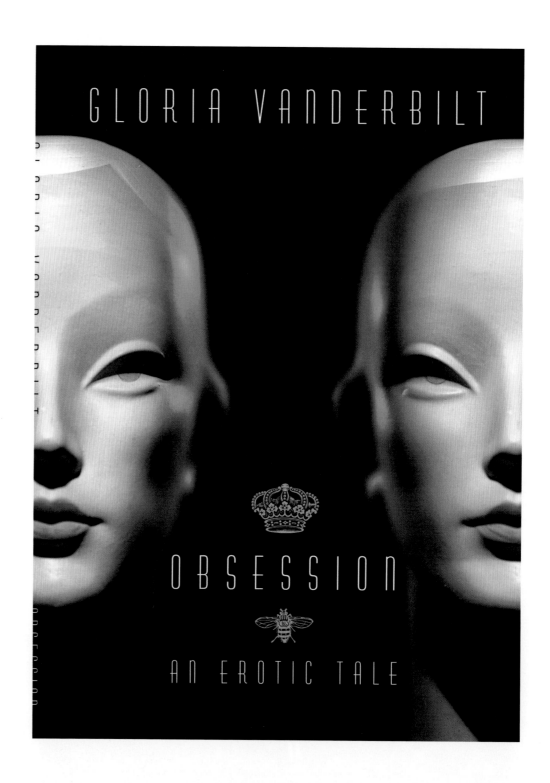

所以2003年，我坐在西蒙&舒斯特出版社迈克尔·科尔达（Michael Korda）的办公室里，在几盒格洛丽亚的照片和她的相册中翻找。我要设计她回忆录的封面，书中内容是关于她生命中的男人们的，书名为《一部罗曼史回忆录》（*It Seemed Important at the Time*，见《第一本书》），我想找一些她和他们所有人［弗兰克·辛纳屈（Frank Sinatra）、戈登·帕克斯（Gordon Parks）、马龙·白兰度，当然还包括她第四任丈夫］，有意思的、没有采用过的照片。我在那儿挑照片的时候就在想，"天呐，真应该为格洛丽亚和她精彩的人生出一本完整的书"。在五年之后，设计师温迪·古德曼（Wendy Goodman）坐在我的办公室里，请我做一本这样的书。随后我完成了《关于格洛丽亚·范德比尔特的一切》（*The World of Gloria Vanderbilt*，艾布拉姆斯图书）：一个你再也不会遇到的充满魅力、才华和品位的杰出年代。我非常感谢温迪为这本书的出版而做出的不懈努力。我做这本书的时候还正在忙于另外一个叫《真正的学院派》（*True Prep*）的项目，两者的档期大量重叠。当时的工作量真的非常大，但一切都很值得。

A

B

A 封面照片由传奇摄影师理查德·阿维顿（Richard Avedon）拍摄，他是格洛丽亚的密友之一，她也是他的缪斯女神。阿维顿的公司很慷慨地允许我们在这本书中多次使用他拍摄的照片，包括之前从未公开的照片。

B 标题页的三张照片中，其中上下两张照片是摄影师英格·莫拉斯（Inge Morath）所摄，中间那张是阿维顿为 *Harper's Bazaar* 杂志1955年3月刊拍摄的，模特是格洛丽亚。

女孩的世界

我知道吉尔·莱伯雷（Jill Lepore）是现役的最早一批调研记者之一（她也是哈佛大学教授，《纽约客》杂志的特约撰稿人）；可我不知道她还是神奇女侠的忠实粉丝，因为这个兴趣爱好，她还专门研究了这一角色，以及神奇女侠背后古怪而充满才华的创造者威廉·莫尔顿·马斯顿（William Moulton Marston），甚至为此写了一篇文章。作为《神奇女侠：完整历史》（*Wonder Woman: The Complete History*）的设计师和艺术指导，我知道不少奇妙的内幕（比如马斯顿发明改良了测谎仪，神奇女侠真言套索的灵感便源于此；同时夹杂着对捆绑束缚的痴迷，当然还有复杂的私生活）。但是吉尔发掘出更多的内容。当我跟她一起商量封面设计时，我才知道有多少元素是她从漫画作品中拿来用到她的书中——一本没有经过DC漫画授权的书。唔，不妙。但是在最后关头，DC竟然同意了，真是出乎我的意料，而且DC娱乐的CEO戴安·尼尔森（Diane Nelson）更是给了公司里每人一本。

A 早期的封面设计，画面中神奇女侠带着她的秘密，别过了观看者的视线。

B 以防万一，DC不让我们使用他们的插画时准备的"通用版"封面。

C 最终版封面，使用了神奇女侠第十二卷的插画（对页左图）。吉尔亲自挑选的这个画面，想表达戴安娜·普林斯变身成亚马孙女战士的这一瞬间。克诺夫出版社，2014。

A

起飞，走人

为超级经典的《超人》（*Superman*）系列做排版和封面设计，核心创意是采用超人最具代表性的LOGO（从1939年沿用至今），把它调整成适合21世纪读者审美的流线型。当然这个版本的LOGO不会取代原版的，而且只会用于12个月的期刊中，也就是你在这里看到的，但我想向读者传达出一飞冲天的感觉。LOGO的颜色为白色、黄色或黑色，目的是不与其他色彩抢夺读者的视线。这是很必要的，参考一下在每个封面上扎眼的条形码。这就不是我能插手的了，一旦封面版式被DC确定了，我就没有话语权，他们内部每期会根据弗兰科·奎特利（Frank Quitely）创作的插画而作出判断。

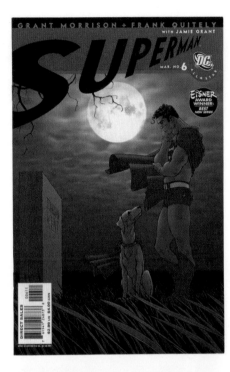
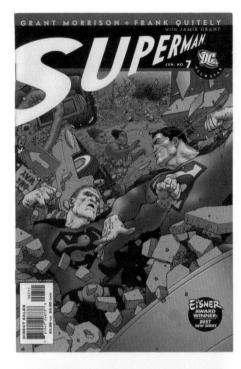

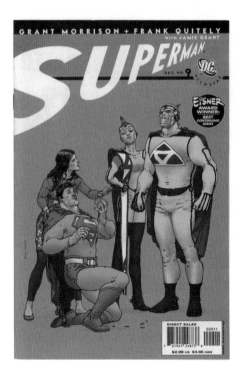

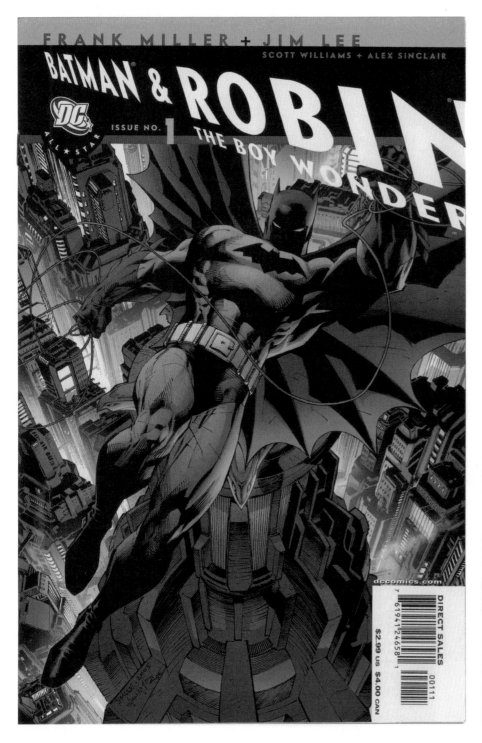
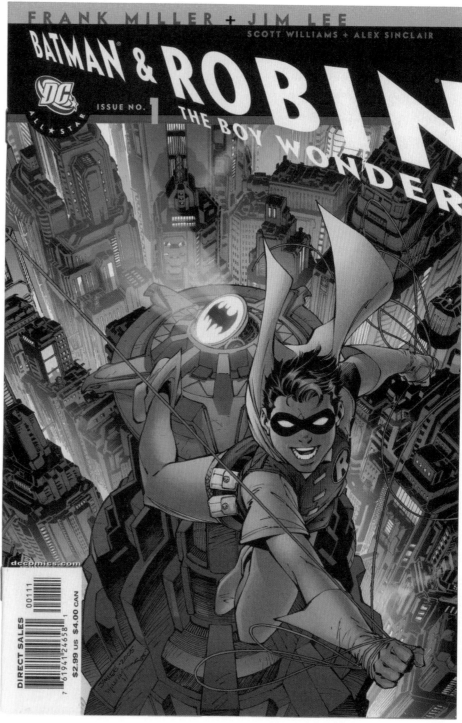

Chip Kidd:
Book Two

男孩，幻想

除了大受欢迎的《超人》系列，同期的《蝙蝠侠和罗宾》系列也同样火爆。如果说前者的LOGO设计想把读者带入天空中，那么后者则会冲向地面直击你家客厅。从排版上看，这个设计的侧重点在罗宾身上，不过没关系，这个角色的确是弗兰克·米勒想在这个系列中着重刻画的。这些漂亮的插画由李振权（Jim Lee）创作，虽然这个系列没超过10期。但我很享受为《超人》和《蝙蝠侠和罗宾》系列漫画做设计，并与这个领域中最有才华的创作者一起共事：格兰特·莫里森（Grant Morrison）、弗兰克·米勒、李振权、斯科特·威廉姆斯（Scott Williams）、亚历山大·辛克莱尔（Alex Sinclair）。

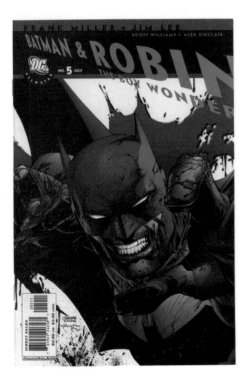

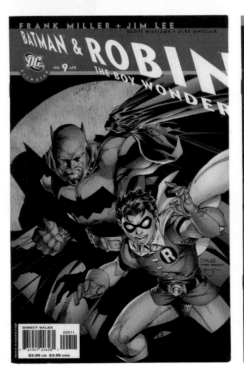

融合渴望

2014年夏天，DC的总编丹·迪迪奥（Dan Didio）打电话问我是否愿意接手一个大项目。我在电话那头几乎跳了起来，毫不犹豫地答应了他，但我其实根本不知道我要做什么。一周过后，我与艺术总监也是我的好友马克·奇亚雷洛（Mark Chiarello）一起，坐在他的办公室内听他介绍这次任务：这将会是一个庞大的"事件"，主题为"多元融合"，贯穿了所有DC出品的月刊。故事剧情以超级反派布洛尼亚克（Brainiac）展开，超越了时间和空间，囊括了公司75年历史中上百位英雄和反派，把他们汇集到一个时空中展开死斗。这是一个庞大的计划。当我们在讨论的时候，每一个细节都被清楚地解释，我开始在头脑中计算，一个月40部作品，每月4期，每部作品在整个企划中出现两次。第一个月这些角色被召集进来。第二个月他们便开始乱斗。丹希望我采用DC出版过的经典插画，这给了项目一些可以执行的可能性。但我开始思考所有角色——两个一组的形式淡入淡出。然后每月4期的形式给了我灵感，正好可以套用CMYK印刷过程中的四个颜色，这也自其20世纪30年代推出就成为漫画书印刷过程中的主要操作（见218-219页）。会议结束，我离开的时候，脑海中已经有了明确的概念；现在只需做一个创意概念图，然后看丹是否喜欢这个设定了。

他很喜欢，这个概念立刻获得了批准。为了完成这个项目，当时DC的图书管理员，也是我的好友斯蒂夫·柯尔特（Steve Korté），以及编辑助理布列塔尼·侯泽尔（Brittany Holzherr）提供了非常多的帮助。丹是这个项目背后的核心主理人，我为每部作品设计了两套艺术方案，让他从中作出选择。所以我做了160套设计而不是原先的80套。但我由衷地享受这个过程，并且总在脑海中想象粉丝们在书店和漫画店看到他们喜欢的角色以这样一种全新的形式和画面出现在他们面前时，那种惊喜和意外。当这个系列开始发售的时候，我去了曼哈顿和康涅狄格州几家我很喜欢的店拍了些"现场照片"，以此展现这些封面从其他漫画中脱颖而出。我还想说的是，在整个系列（包括视觉画面）的制作似乎是一种象征，当时DC正在把它的运营板块从纽约搬到华纳兄弟的处所，同时把电影业务迁移到洛杉矶。

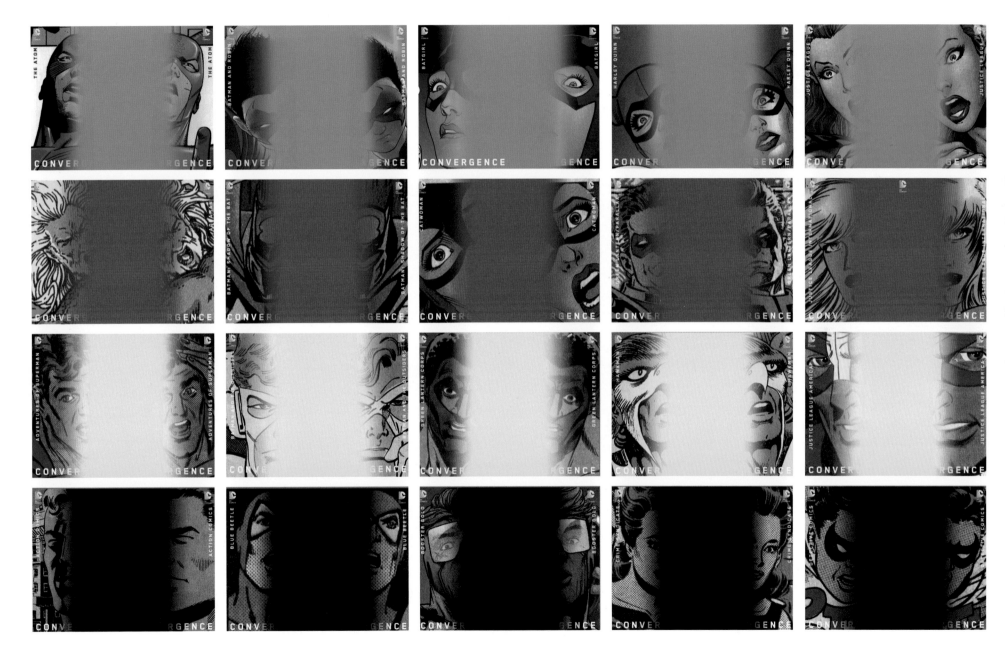

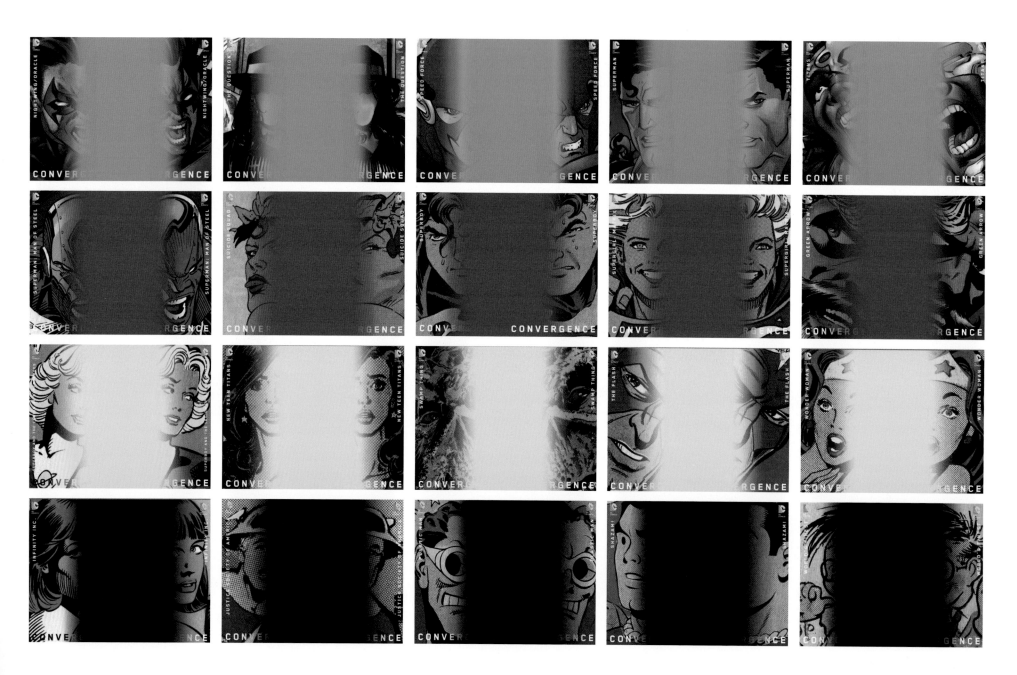

奇普·基德的设计世界：
关于村上春树、奥尔罕·帕慕克、尼尔·盖曼、伍迪·艾伦等作家的
书籍设计故事

267

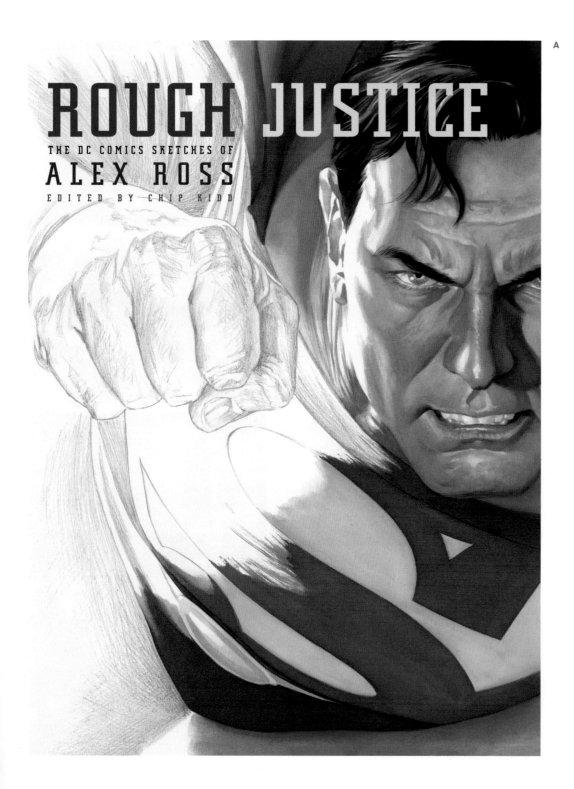
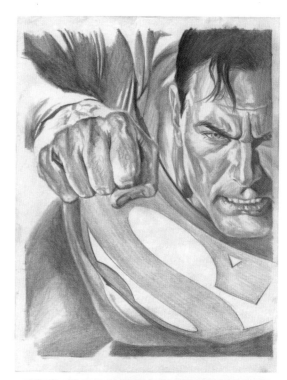
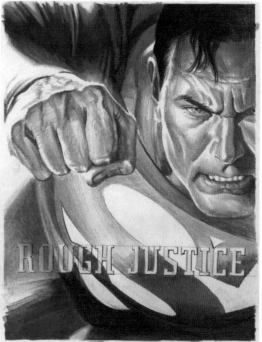

A	万神殿图书，2010。
B	万神殿图书，2012。

未完之事

在《神话：亚历克斯·罗斯DC画集》(*Mtyhology: The DC Comics Art of Alex Ross*)获得了广泛关注和好评之后，亚历克斯想出版一本他为DC漫画创作的，以铅笔稿为主的素描集。我很期待这本书，书名肯定是《纯粹正义》(*Rough Justice*)，体现了这些画作的起源，以及正义联盟（Justice League）的存在，这两个元素是这本书的主要内容。我们希望封面可以着重表现从铅笔稿到成品的中间过程，问题是该从哪里展示这一过程，从中间向两边（对页右下图），还是从左向右（对页左图），后者在视觉上看起来更有效果。这也是精装版的封面。对于普通版的封面（右图），把超人换成蝙蝠侠是最合适的选择，同时创作过程也从左边的完成状态过渡到右边的线稿。

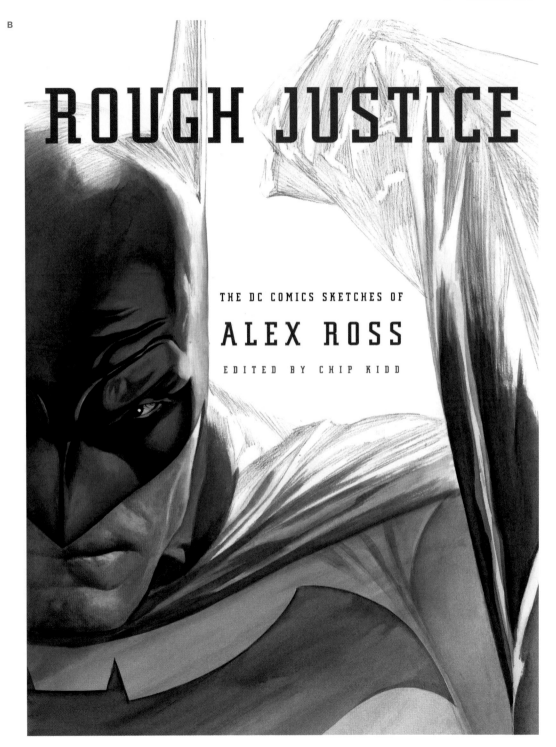

2010年，DC漫画的编辑乔伊·卡瓦列里（Joey Cavalieri）邀请我为威尔·艾斯纳（Will Eisner）创作的面具侦探角色"闪灵侠"（The Spirit）写一个10页长的故事，以作为这部月刊的额外特辑。我一直对这个角色的概念设定感到困惑和好奇，一个人类在咽下微型芯片之后变成了爆炸探测器，身体还能变成一枚炸弹，这是个不错的机会去探索这背后的故事。可惜，这个月刊在完成整个故事之前被取消了。这是第一次展示这些画面，插画由杰出的艺术家大卫·布洛克（Dave Bullock）完成，它们应该在DC公司的某个抽屉里。希望未来它们可以正式出版。

马克·奇亚雷洛请我设计"三位一体"的LOGO（本页），这是一本为期一年的周刊漫画系列，其中包括超人、蝙蝠侠和神奇女侠。

我的想法是把三人的LOGO叠加在一起，然后分出不同层次，每期交替呈现。一共有很多种可能的组合方式，但仍然需要为52期漫画塑造出一个整体统一的感觉。

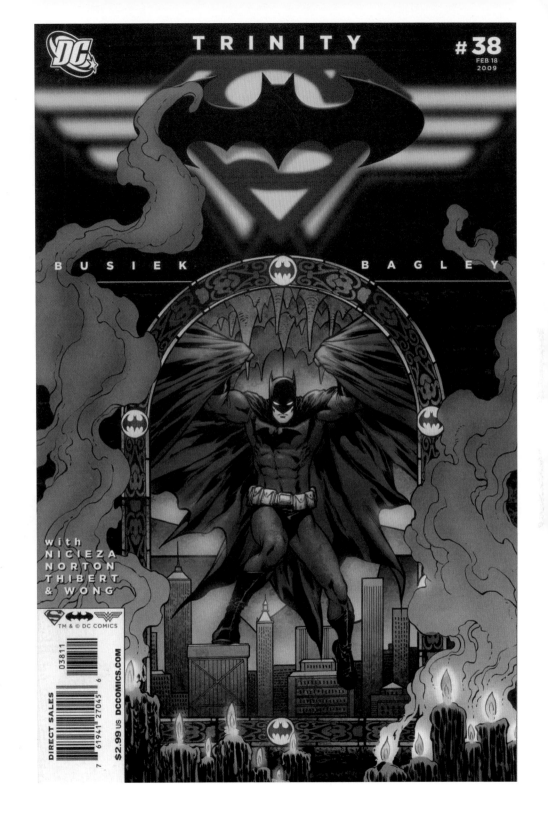

这回该结束了

我一直记得我和马克·奇亚雷洛2013年在圣地亚哥动漫大会中一起吃的一顿午饭，他突然说道，"我想让你考虑一下重新设计这个"，然后他把DC现在的LOGO放在了桌上（见对页8个封面上的LOGO）。我当时很吃惊，同时也备感荣幸。作为痴迷于DC的平面设计师，这就像是我一生的使命。我提交了右边你所看到的所有设计，但没有一个被选中。噢，好吧！不过做起来还挺有意思，所以，无所谓了。我很高兴地说我的一个老朋友，一位备受尊敬的同辈设计师，来自传奇设计公司Pentagram的艾米丽·奥伯曼（Emily Oberman）最终搞定了LOGO设计，我希望他们可以永远使用下去。

《最终危机》（*Final Crisis*，对页）是由作家格兰特·莫里森（见全明星超人）创作的全七卷漫画系列，一经推出便对所有的故事和连载中的漫画产生了巨大影响。在每期漫画封面上，LOGO字体会逐渐裂开，从最初很微妙的变化，然后愈发剧烈，到了最后一期（超人画面！）就几乎看不清了。这是整个历史上第一次采用竖版标题，并逐步发生变化的漫画封面。

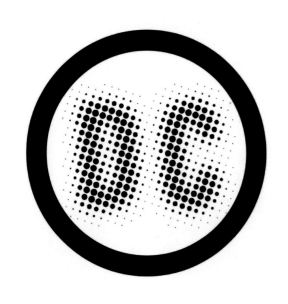

蝙蝠日漫

关于《蝙蝠侠漫画：蝙蝠侠的隐秘历史》（*Bat-Manga!: The Secret History of Batman*）的起源，在这本书和网站上都解释得很详细了，但在这里简要概括一下：1966年日本的一家漫画出版商少年画报社（Shonen Gahosha）获得了DC的漫画代理权，他们可以创作自己的蝙蝠侠和罗宾周刊选集，下一年也同样如此。他们请来了桑田次郎（Jiro Kuwata），一位天才少年画家，同时也是20世纪60年代早期日本非常流行的 *8th-Man* 的创作者之一。桑田是位高产的画家，他在两年中就为蝙蝠侠和罗宾系列创作了1012页漫画。这些作品仅于1966年至1967年在 *Shonen King* 杂志上刊登过，然后就结束了，没有全集收录画册，没有再版，什么都没有。在刊登于那本漫画杂志之后，就此销声匿迹。

20世纪90年代初，我从艺术家大卫·玛祖切利（David Mazzucchelli）得知这些漫画的，后来他把它们还给了在东京的一家小气的艺术机构。实际上他并没有看过这些漫画，但有人跟他提起过，他说画过 *8th-Man* 的人也创作过蝙蝠侠。我小时候在电视上看过老版的 *8th-Man* 动画，我很喜欢这部作品，因此同样的作者在日本还创作过蝙蝠侠这件事让我很吃惊。但无法阅读或找到相关资料同样让我沮丧。

再后来，2000年过后的几年，有一天我在eBay竞拍日本蝙蝠侠手办，接着我从一个观看我竞拍的人（当时还可以这么做，现在不行了）那里收到了一条不得了的消息。我由此认识了萨乌尔·菲利斯（Saul Ferris），他告诉我我被卖家骗了。他是对的，我后来发现这个玩具是盗版的。我避开了这笔交易，同时收获了一位非常好的沉迷动漫的挚友。随着时间的推移，萨乌尔（就住在芝加哥附近）说他与复古日本漫画经销商有非常可靠的关系，他的目标是建立一个在 *Shonen King* 杂志上刊登过的蝙蝠侠期刊博物馆。他很高兴可以和我合作，一同做一本收录这些故事的书，同时还涉及日本蝙蝠侠玩具和其他印刷品。我们收集好足以凑成一本书的材料后，我做了一份长达40页的计划书，把它们呈献给当时DC漫画的总裁保罗·列维兹（Paul Levitz）。他有点不敢相信；他之前从不知道，也没见过这样的材料。当一切法律审核结束后，DC依然享有这些素材的版权，我们终于可以在万神殿图书出版这本书了。

A　石井安妮（Anne Ishii）做的笔记，她是唯一一位负责处理这些繁重任务的译者。这四页来自"亡者领主（Lord Death Man）"系列故事，引起了媒体的特别关注，以此衍生出"蝙蝠侠：英勇无畏（Batman: The Brave and the Bold）"系列动画片。

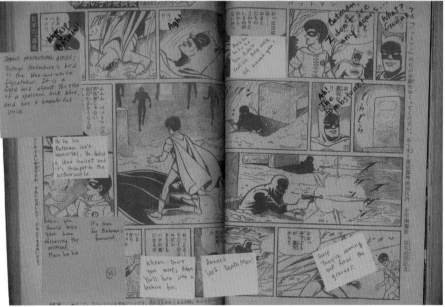

《蝙蝠侠漫画》惊艳了许多人，最终也是凭借这部作品，桑田老师成了官方蝙蝠侠艺术大师名人堂中的一员。他的出版商也归还了许多他40年前提交的原作。我从中挑选买了一些。本页所示的是未收录在《蝙蝠侠漫画》中的故事。桑田喜欢画动物，尤其是不存在于现实中的那种动物。这个故事实际上是"蝙蝠侠和罗宾大战哥斯拉"，还有些拿着机关枪的黑社会。但很酷不是吗？这种文化结合得很巧妙，与美国的漫画截然不同。我很喜欢这些故事，希望能呈现给更多的读者。

驶向设计

有时我在想,拉克尔·贾拉米洛(Raquel Jaramillo)和我有着几乎一样的图书设计生涯——她任霍尔特出版社的艺术总监多年,设计了大量封面,特别是为苏·格拉夫顿(Sue Grafton)、萨尔曼·鲁西迪(Salman Rushdie)、托马斯·品钦的作品设计封面。我非常敬佩她的工作,我们年纪相仿,当她给我打电话说有一个项目想让我参与的时候,我以为只是一个独立的封面设计。实际上远不止如此。

那时(2012年夏天)她已经跳槽到工人出版社(Workman)任儿童图书选稿编辑,我们一起在Cognac吃午饭,Cognac是一家离兰登书屋很近的小餐馆,可以说是克诺夫出版社的小咖啡厅。她对我说:"你知道,没人为孩子们做一本关于平面设计的书。"她刚一说出口,我就意识到果然是这样。市面上有许多教小孩子创作艺术、画画、色彩、摄影,甚至排版设计的书,但没人把这些综合到一起,解释它们如何互相协作,以及如何用它们概念化地思考和解决问题。她随后说道,"我觉得你应该做一本出来"。这真的难住我了,但我同时也很兴奋。这对我来说是个前所未有的挑战:我没有孩子,我也不了解他们,我跟他们没什么关系,更关键的是(除了我的两个教子),我不喜欢小孩。

这是一个完美的挑战。之前从没人做过类似的书,这一事实让我跃跃欲试。"哇哦,我同意了。"我回答道。

这只是个开始。我必须想出这本书究竟要讲述什么内容。我写《奶酪猴子》时遇到过类似的问题:如果我要教一节平面设计入门课程,暂且不顾学生们的年龄层,我应该如何组织这节课?

答案是从形状开始——这些东西长什么样子,我们是如何感知它们的;然后是内容——它们想要表达什么,它们有什么含义;接着是字体——这是书面文字的起源,如何使用各种字母去呈现你的想法,不仅是文字上的,更是视觉上的;还有概念——如何有效地根据你面临的问题去建立想法。

A 2003年我为纽约著名的斯特兰德书店(Strand bookstore)设计的手提袋。这个设计最终成为《我想和你谈谈设计》的封面素材。许多年来我一直执着于"停止"指示牌的造型,以及上面呈现的与它造型很矛盾的信息。

B 《我想和你谈谈设计》最初的封面设计。我觉得还不错,我不认为上面还需要什么额外信息。拉克尔客气地提出"需要一个副书名"的建议,她的提议很正确,后来"基德的平面设计指南"作为副书名加到了封面中,以及画面上部由米尔顿·格拉瑟(Milton Glaser)写的推荐:"对于设计最好的介绍。"他概括得实在再精妙不过。我们已经启程⋯⋯

A

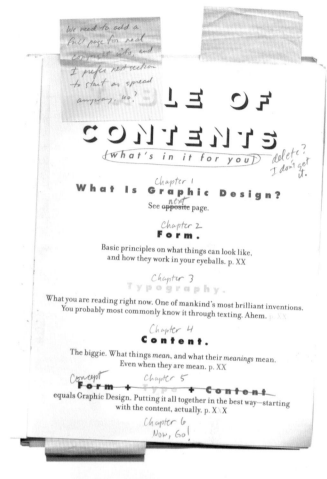

这本书的关键之处在于不要太过高谈阔论或迁就观众，我应该向那些可能没有仔细思考过这些问题的读者做一个合理的解释，而不应该过多考虑读者的年龄。

A 这部分展示了这本书的开头部分，举了一些生活中涉及平面设计的例子，以及在何种程度上有效或者无效地传递信息。我必须把有线电视的遥控器放在这里，因为它的设计太过复杂混乱，人们每天还要使用这个东西，真的很糟糕（假如有人解决了这一问题，那肯定能大赚一笔）。

B 把诸如"重复"和"图案装饰"这样的概念以视觉的形式进行呈现非常重要，同样的，无须过多在乎读者的年龄。可是，很明显我没有把在学校里深入学习过的，同样是平面设计中很关键的主题，比如性、宗教、政治、消费主义放进这本书里。我必须要遵循最基本的原则，回避这些成人话题和政治立场的主题（嘿，让孩子们以后自己去探索吧，他们感不感兴趣还不好说呢）。

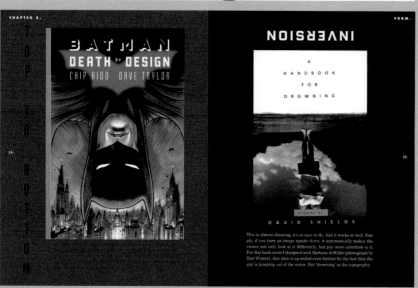

一旦基础知识铺垫完成，我开始使用实际出版过的案例去进一步解释它们的工作原理。拉克尔提出了一个非常有帮助的建议，基于之前学到的知识和案例，她认为最后一节可以做成"练习册"。这样一来，整本书的结构就非常紧密了，也为读者留出了自行发挥的空间，他们可以把自己的作品上传到这本书的网站上。

C 由摄影师约翰·梅德里（John Madere），插画师兰迪·格拉斯（Randy Glass），漫画家伊凡·布鲁内蒂（Ivan Brunetti）创作的图画，真的是他们画的。

D 我的教子杰特·斯佩尔（Jet Spear，见保罗·西蒙Surprise的专辑封面，207页），他举着一张"我，设计师（I, designer!）"的画谜纸条和他最喜欢的滑板，他其实是躺在地上的（安全第一！）。

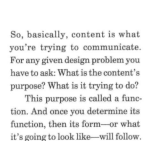

登台演讲

多年来我一直想在TED的舞台上做一次演讲，但这不是你可以决定的，必须得有人邀请你才行。2011年秋末，我的老朋友奇·帕尔曼（Chee Perlman）终于发来了邀请函，他当时与建筑设计师大卫·洛克威尔（David Rockwell）一起，正在策划一次与设计相关的午间对谈，用于TED主舞台为期一周的研讨会。我当然答应了，然后我们定好谈话的内容，整个时长为18分钟，在你讲话的时候有一块表摆在你面前的地板上，时刻提醒你。如果你没按时完成，那就不太好了。以我长期在网上看TED演讲的经验，我知道其中的原因：在第15分钟的时候，无论你是谁，你必须要准备收尾。但是现场演讲与网上的视频截然不同，在现场你可以维持住观众对你的兴趣，你可以保持很长时间，因为他们觉得与你有一种直接接触。可是在与你隔着电子屏幕的网络上有更多的观众，未来也会有更多人在网上看你的视频。你演讲的内容要很有趣，你的表现也得很生动，这样人们才会一直看你的演讲视频，18分钟已经算是极限了。

每个周一晚上我都与奇在洛克威尔位于联合广场上的漂亮工作室内排练，持续了数月之久，那里离我在中城西的办公室差不多有20分钟地铁车程。在那里，我们慢慢地规划演讲内容，奇提供了很多想法与灵感，但无论我们怎样编排演讲内容，时间仍然保持在30分钟。演讲内容包括我自己与我的工作介绍；展示一些简单的平面设计规则，以及如何应用于我的工作；展示一些实体书与电子书对比的案例，而且我知道杰夫·贝索斯（Jeff Bezos）很有可能也作为观众出席（别有压力！）。问题是这个过程不仅没有为我建立起信心，还在逐渐吞噬我的自信，我当时的精神正在一点点崩溃。演讲会的前一周，奇建议我跟TED的演讲教练吉娜·巴内特（Gina Barnett）聊一聊。我不太相信她，而且深陷绝望（我做公开演讲已经超过20年了，从没找过教练指导），我觉得去见她完全是在浪费时间。可结果恰恰相反，她听完我的演讲之后说："好的，去掉这个、这个和这个。你不需要它们。你会没事的。"她真的很厉害，我肩上的负担一下子轻多了，如果你沉浸在像这样一个高强度的项目中，你需要一个旁观者帮你看清真相，最好是个聪明伶俐的局外人，帮你客观地重新整理一遍。吉娜这次真的救了我，而我则为她后来的一本关于肢体语言的书做封面设计（右下图），以回报她的帮助。

演讲进行得很顺利，除了在最后一刻戴上了我认为是"Lady Gaga喜欢的那种骚气麦克风"。它彻底破坏了我眼镜微妙的平衡感，这个麦克风只有左边的眼镜腿可以支撑（一周前我先生桑迪在床上把右边的眼镜腿给压断了。真是谢谢你了，亲爱的！）。再补充几句：总的来说，TED对男士演讲的穿着要求真的很多，有一条严格的"不能戴领带"的规矩，因为他们想保持"周五轻松的休闲氛围"。我几个月前就准备好我的服装了，就是你看到的那样，奇替我跟他们解释，让我做自己。许多年之后，克里斯·安德森（Chris Anderson）在他的《演讲的力量》（*TED Talks*）一书中评价我"是一个很有品位的人"。

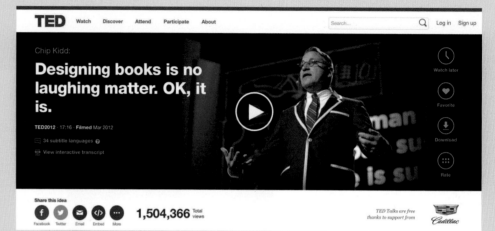

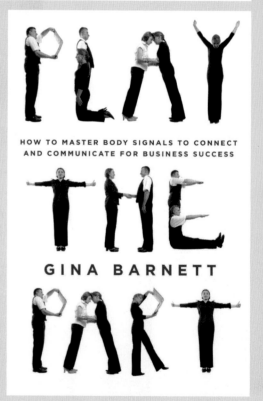

A 一个粉丝送给我这幅20世纪50年代班尼·古德曼（Benny Goodman）的插画，艺术家吉姆·弗罗拉（Jim Flora）创作，哥伦比亚唱片公司出品，他跟我在TED演讲中的装扮很像。我很喜欢班尼·古德曼，因此我想这在工作中也有一种奇妙的亲切感。

再一次登台

2015年5月,我的第二次TED演讲就感觉没那么陌生了。这是他们其中一个比较轻松随意的沙龙分享会,在TED纽约办公室内的一个小剧场举行,现场大约有100人。这个演讲配合着我刚完成的书《瞬间打动人心的设计》(Judge This)在西蒙&舒斯特出版社的出版。

这本书的篇幅不大,因此颇具挑战性。当TED团队的人宣布他们要做一个新的品牌系列,其实就是TED演讲的图书版时,他们请我担任这个系列的艺术总监。所以他们让我先写一本出来。我怎么能放过这样的好机会呢。随后问题出现了:"这本书究竟想表达什么内容,它将如何传递给新的读者?"我不想让它成为《我想和你谈谈设计》的成人版,但理论上讲,新书的内容应该有所传承,而且与平面设计有关。我的编辑米歇尔·昆特(Michelle Quint),就像其他出色的编辑那样给予我帮助,让整个过程变得无比顺利。我们最初的想法是传达"设计师生活中的一天",然后变成"第一印象,什么时候应该变得清晰,什么时候应该给人以神秘感。当它们二者结合时会怎样呢?"听起来可能很复杂,不过我提出了一个"神秘感测量尺"的概念,等级从绝对清晰(标为1)到绝对神秘(标为10),所有事物都可以以此检测。

这本书被翻译成了许多种语言(算是我出书的一个记录了),这次演讲也获得了160万次观看。再次感谢吉娜·巴内特对我演讲内容的指导,也感谢米歇尔·昆特对文字编辑作出的贡献。

WHEN SHOULD YOU BE CLEAR?	MAKE IT LOOK LIKE SOMETHING ELSE.	

WHEN SHOULD YOU BE MYSTERIOUS?		

册》(*The Official Preppy Handbook*)自1980年出现以来对我的生活影响非常大,我当时在宾夕法尼亚州韦斯特朗的威尔逊高中读十年级。后来大约30年之后,我在索尼·梅塔的办公室里跟他说起这个时,他难以置信地看着我,小声地问道:"怎么会呢?"我仔细想了想,然后回复他,"因为作为一个生活在宾夕法尼亚州东南部郊区的小孩,我终于弄明白美国的班级体系是如何运作的了,即便原本不应该存在这样的一个体系。而且这是艾米丽·波斯特(Emily Post)那时候的规矩,现在看来挺搞笑的"。

现在让我来分享一个故事吧,都是真的:2008年Facebook还没有这么普及,但正在飞速发展。对于还要申请的态度我是比较开放的,尽管都是些完全不认识的陌生人,嘿,这可是越多越好。后来有人声称自己是莉莎·比恩巴赫(Lisa Birnbach)。我简直不敢相信,但还是接受并回了过去:"天呐,真的是你吗?"然后她同样回复了我:"天呐,真的是你吗?"于是我说:"天呐,真的是咱俩吗?"之后在我的劝说下,我们一起在哥伦布广场的时代华纳中心里的Bouley Bakery餐厅吃午饭。当然了,真的是她,太不可思议了。她与照片中一样美丽,精致小巧的脸庞,棕色的头发垂在肩上,明亮的眼睛微微眯起,只有说到重点时才完全睁开,女人味十足,她真是太漂亮了。

我们的谈话最终引向了《真正的学院派》(*True Prep*)。"学院派2.0?"她问道。"已经过了很多年了,可我还没找到合适的出版商,以及何时出版……"我尝试客气地向她引荐克诺夫出版社,然后现在就是最合适的时候(或者两年以后,似乎更合适)。而且,我可以向她推荐出版社最棒的编辑:雪莉·温格。之后的几周我们沟通了很多次,直到莉莎和雪莉碰了面,我们之间才达成协议。真的太棒了。

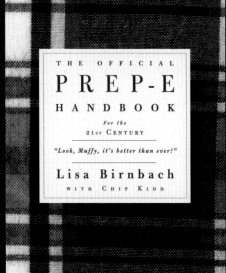
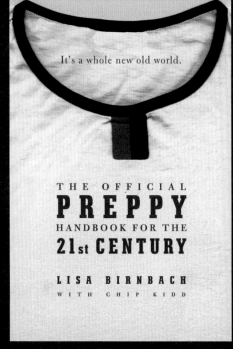

我们都知道做一本书工作量很大，而且我们的预算没有很多。嘿，我们可不是*Vogue*那种级别的出版社。但是出版上一本《学院派》的出版社也不是非常大的机构，因此我们需要在艺术层面和照片的呈现效果上做得更好，这本书要想获得成功，则需要向新一代读者，也就是千禧一代传达我们想要表现的内容。好在莉莎的两个女儿在道尔顿学院（Dalton），雪莉的女儿在斯宾塞学校（Spence）。她们提供了很多我无从得知的关于学校的信息和见解，我只是把这些信息更好地呈现出来。我想，我们之间的配合很不错。

我们很早就决定这本书同时使用插画和照片（就像《第一本书》）；插画可以表现那些无法很好用照片说明的东西，而照片可以起到辅助说明的作用。本页所示的是我对插画师兰迪·格拉斯做的艺术指导，兰迪经常为《华尔街日报》绘制插画。有很多艺术家的绘画风格跟兰迪很相似，但我和莉莎很快就发现他才是同领域中的佼佼者，无论是技术还是其作品的艺术性都无出其右。不过，不足之处是他需要大量的时间去完成每幅作品，所以我们必须提前安排好他需要做什么。我们先确定了徽章，就是右边那张图。

A　我们用了好几个月的时间去讨论书名，这些早期的封面设计稿展示了书名的改变过程。莉莎想到了《真正的学院派》这个标题，我为此增加了副标题。

B　我为兰迪准备的参考照片，他巧妙地将它们转变成漂亮的图画。右图：兰迪创作的徽章的最终画面，书中随处可见。当我们看到这幅作品时，我们就知道找对了人。

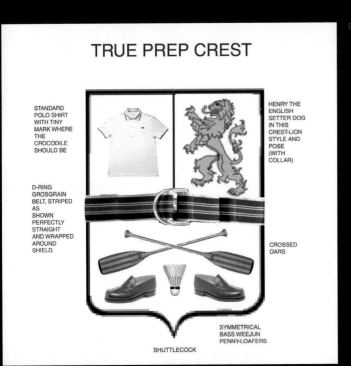

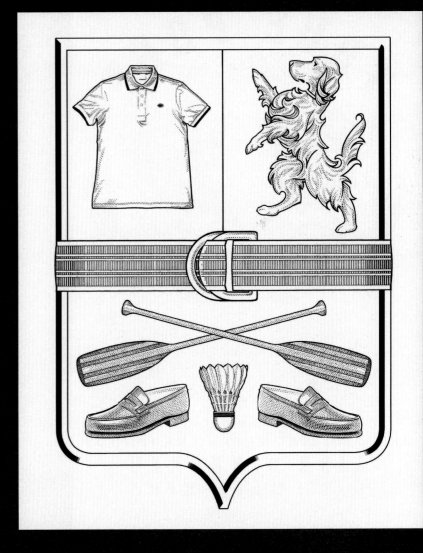

TRUE PREP

IT'S A WHOLE NEW OLD WORLD

by the author of
THE OFFICIAL PREPPY HANDBOOK

LISA BIRNBACH

with Chip Kidd

The New York Times

Late Edition

VOL. CLIX .. No. 55,000 © 2010 The New York Times   NEW YORK, SUNDAY, APRIL 4, 2010 $5.00

Hajji Abdul Zahir, far left, the district governor of Marja, oversees payments by the Marines to Afghans in the region.

Contesting Jobless Claims Becomes a Boom Industry

Errors and Delays by Agent for Employers Weaken Safety Net, Critics Charge

By JASON DePARLE

Violence Helps Taliban Undo Afghan Gains

By RICHARD A. OPPEL Jr.

Helping Patients Face Death, She Fought to Live

By ANEMONA HARTOCOLLIS

MONTHS TO LIVE
A Switch in Roles

Dr. Desiree Pardi on duty, top, and with her husband about a month before she died.

At 89, Stevens Contemplates The Law, and How to Leave It

By ADAM LIPTAK

State Says Indian Point Plant Violates the Clean Water Act

By DAVID M. HALBFINGER

Rejoice, Muffy and Biff: The Preppy Primer Is Getting an Update

By MOTOKO RICH

Chip Kidd, left, and Lisa Birnbach at a photo shoot last month for their new handbook on the preppy life, "True Prep."

乔夫·斯佩尔完成了这本书全部的拍摄工作，虽然任务量巨大，但他依然完成得非常出色。我跟他这些年完成的大多是静态画面的拍摄，尽管书中也有不少静态画面，但还是需要许多用模特来呈现的场景。而且模特不是那种专业平面模特，他们都是莉莎的朋友（也有很多我的朋友），所以整个过程很有意思，而且最终的成片效果很真实，绝对不是刻意捏造出来的。

我们在乔夫的工作室和其他很多地方拍摄，从桑迪在SOHO的公寓到克诺夫出版社的办公室都有出现在这本书中。可以说任何合适而且不收费的地方都在我们的考虑范围之内（噢，真是学院派的作风）。

A 最终版封皮。每个人都让我把标题放大，这已经是最大的了。克诺夫出版社，2010。
B 这本书一旦确认出版，立刻就有媒体想要报道，只是我们都没想到报道会出现在《纽约时报》的头版上。而且恰好是在复活节那天，在计划出版日期的整整6个月之前。我唯一遗憾的是这种事只发生过一次，而且照片中的我看起来太不正常了。好吧，至少这比我因被捕而登上报纸好多了。
C 书籍的封面。准备拍摄封面的时候，一个叫格雷格·德埃利亚（Greg D'Elia）的小伙子帮我们在这双便鞋上加上了我们的LOGO，他在位于棕榈滩的奢华鞋店斯塔布＆伍钝（Stubbs & Wootton）工作。

专门用来存放湿衣物和外套的门厅——的创作过程。得益于这本书的内容和主题,在莉莎解释之前我完全不知道这是一个什么样的房间。可以参考对页左上角的定义。

我们找不到这样一个房间,也不可能自己搭建这样一个场景,所以只能通过绘画来呈现我们想要的。我想这本书里不会有第二页像这一页一样消耗我们如此多的时间和精力了。声明一下,是我让莉莎的名字缩写出现在画面右下角的L. L. Bean手提包上的。(精致的细节!)

《真正的学院派》的首次亮相便斩获2010年9月《纽约时报》畅销书名单第二名。我真的对此感到无比骄傲。我偶尔打开这本书时,全是制作过程中的美好回忆。

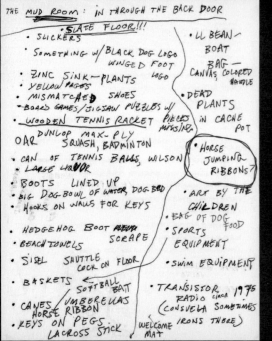

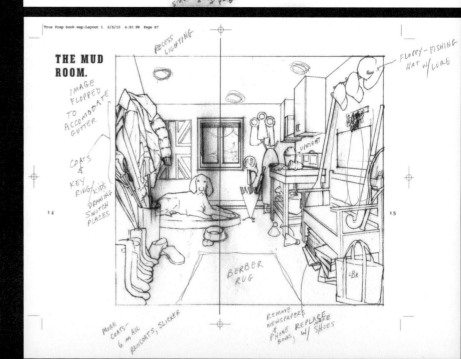

THE MUDROOM.

To the eat-in kitchen. More masterpieces from Prudence and Constance's lower school art classes awaits.

English houses have long had mudrooms. Where else would you keep your Wellies after a tramp in the mud, Barbour and down jackets, walking sticks, racquets? Mudrooms can be wood-paneled and quite grand, depending. For us, where else would we find the keys to the twelve-year-old Land Rover? And where would Henry go for his REM sleep? Preppies are now focusing their domestic attentions on a room that was previously humble and misunderstood. This one is rather simple. But it will do fine.

- Daddy's boots. And an extra pair; no one seems to know where they came from.
- Ski poles should be in the ski rack, too. Who put the skis here? They belong in the ski rack.
- Connie? Where are your ski boots? Did you leave them in the car again?
- Every time the keys fall off, Mrs. Gibbs picks them up. Not because she's a stickler for neatness but because she's afraid Henry will eat them.
- We bought this Union Jack banner when we were in India after grad school.
- Ditto the Berber rug we haggled over in the souk in Marrakesh. Always reminds me of our first walk-up.
- This paddle doesn't belong here at all. Tyler should put it back in the boathouse.
1. Henry in his "Sphinx" pose.
2. His water bowl and toy positioned to trip us.
3. Ernesto, the gardener, likes to sit on a swing and smoke a cigarette now and then. Not that we've noticed, but he's the only one around who uses it.
4. Umbrella stand from our old apartment on 74th between Park and Lexington. Doesn't really belong here, but where else do we put our golf umbrella and butterfly net?
5. The girls were so proud of winning their ribbons. Now they've forgotten what horses are.
6. Extra-large Goldfish box. Someone's been to Costco!
7. Potting table. For potting.
8. Old radio. Should bin it, but it works so well. Does anyone listen to it?
9. Drawing, untitled, circa 1994.
10. North Face, Pendleton, foul weather slicker by Carhartt, L.L.Bean barn jacket, Barbour quilted vest.
11. Bean duck boots and Prudence's Uggs. Ugh.
12. Assorted important hats.
13. Boat tote from L.L.Bean. One of seven in this family.

全部读完

为字体指导俱乐部（Type Directors Club）年鉴做设计可以说是每一位平面设计师职业生涯中最渴望的任务了。这项看似光鲜美好的任务实际上非常艰难。这本书收集了当年所有比赛获胜者的作品，以此决定这一年最好的字体设计，历史可以追溯到20世纪20年代。所以如何编排、呈现这么多的信息变成了一个排版概念上的问题，而且之前那位设计师已经在你之前完美地提交了答卷。比如说，在我之前的那位设计师是薛·博兰（Paula Scher）。好样的。

在我看来，字体设计不是一种艺术美学形式，而是一种你阅读时的信息传达体系。我仍然订阅报纸，每天早上会有人把它们送到我的门前，其中主要是《纽约时报》和《纽约邮报》（New York Post）。我觉它们是新闻报道业不可分割的一部分，二者缺一不可，而且我持续几十年不停地收集报纸头版的标题和文章概括引文。我收集它们可能只是因为觉得这样做挺好玩的，没有别的特殊原因，不过现在它们终于有了明确的意义。这是我对这个设计项目的设想。我有很多这样的剪报，在此我把它们缩减成带有T、D、C的段落（保持着TDC的顺序）。然后用红色、蓝色和黄色分别高亮这些字母（就像包豪斯风格的设计！）。我初步的设想是用"Getting Ahead Can Be a Bitch"这个短语（上图），它来自玛莎·斯图尔特（Martha Stewart）要进监狱的报道，获得了《纽约邮报》的允许，但出版方哈珀柯林斯否定了这个设计。后来我们选择了《纽约时报》的一个标题（右图），那篇文章内容为人们在布鲁克林区的廉价公寓屋顶上养殖家禽。其他设计样稿同样很棒，我直到现在还收集这样的剪报。

- jury that reached a ... guilty verdict without ... hearing all of the facts.
- A pet that had to be fed raw chickens every day.
- "I thought he was kind of a dick yesterday."
- 'She's not a drug addict. She wears clothes, she wears underwear.'
- A lactating hooker dressed as a nun who breast-feeds diaper-clad men
- Body of Ra... Is Linked To Blackout At Atomic Sit...
- A romantic tour offers city views and a lecture on how to sterilize sludge.
- "Life is very difficult and everything kills you," she once said. "The only thing you can do nowadays is sit fully clothed in the woods and eat fruit."
- Dinosaurs got lucky — Dinosaurs ended up ruling the Earth 200 million...
- Unfulfilled as an Art Deco Bathhouse
- "This world will become one giant garbage can one day."
- Driver With Nixon Bobblehead Has Encounters With Fame
- "It all kind of happened at once. Now I have psoriasis."
- The vast majority falls into three categories: Wimps, Destroyers or Crazies.
- Baby tossed from moving car
- Plastic garbage bags containing body parts were left along highways in New Jersey.
- How to make a crisp crispy and a crumble crumbly.
- Live nude woman in Times Square coffin.
- 'I'm supposed to do this, and I can't tell you why.'
- Before the Wonderbra, there were falsies made of elk hair and boingy bustiers of hard-coiled wire.
- A choreographer, working with a team of scientists, depicts a neurological illness onstage.
- The goal should not be to create a population of thin people, but those who are less poor.
- It has flying dentures, flatulent penguin and human testicles smeared with dog food.
- most prominent socialites, ... House chi...
- If I followed my instincts, I would be strangled by some hairy sailor in a public urinal.'
- "I had no restraint. They were crawling up towards my face."
- A feat its engineer likened to cutting the legs off a table while dinner is on it.
- "Life is very difficult and everything kills you," she once said. "The only thing you can do nowadays is sit fully clothed in the woods and eat fruit."
- They're Tan And Toned, But They're Not Very Nice
- The Naked Man Doesn't Dance
- Hypothetically, donating sperm so friends can have a baby is a simple decision.
- Top prizewinner: a sand castle fountain whose designers spout water.
- In Sly Tweets, A Rich Lode For Comedy
- It was hard to be counterculture and give cellulite tips.
- Divorce and all, sex change and all this would be a loving family of three.

2012年，DC漫画决定推出蝙蝠侠的新系列故事《蝙蝠侠：黑与白》(*Batman: Black and White*)，这是一个短篇故事合集，每个故事为10页，他们想让我创作第一期故事（总共有六期）。故事没有限制，我找来生活在多伦多的年轻艺术家迈克尔·赵（Michael Cho）与我一起完成这个项目。他的创作风格很吸引我，有点像布鲁斯·蒂姆（Bruce Timm）和达温·库克（Darwyn Cooke）的混合，但又有自己独特的风格。DC之前听说过迈克尔，不过没有合作过，通过这次合作我们彼此建立了良好的联系。我一直都想创作这样一个故事：蝙蝠侠失踪了，罗宾四处寻找他，在这过程中他与超人第一次联手，迈克尔在这个故事的创作中功不可没。在这个故事中，罗宾与超人之间的关系非常微妙，罗宾想到了一个只有他能想出来的方法，而超人是唯一一个可以实现这个办法的人。

A　这个标题当然是来自"二战"时期由薇拉·林恩（Vera Lynn）演唱的英国著名歌曲 *We'll Meet Again*。这是我第一次创作剧本，迈克尔帮我搞定了故事剩下的部分。与别人不同的是，他用红色和黑色墨水创作，但最终的画面却是黑白色。随着我们深入创作，我们想要更多的版面，可惜他们把控得很严格。我可以把这个故事扩充得更加充分，让它变成一个完整而更加精彩的冒险，不过目前这样我们已经很开心了。我们之间的合作非常顺利，在随后的一年我作为编辑与迈克尔一起出版了他的第一本漫画《行窃》(*Shoplifter*)，由万神殿图书出版。精彩还将继续。

A

我的蝙蝠侠故事

2008年春天,我和尼尔·盖曼在文化机构92nd Street Y的对谈会上畅谈了蝙蝠侠和他正在为DC漫画创作的故事。我喜欢向公众展示我的爱好。

随后,DC漫画的主编丹·迪迪奥来到后台,很高兴地对我说:"嚯嚯嚯,我都不知道你是个蝙蝠侠粉丝!"这让我有点失落,毕竟我过去几年做了很多本蝙蝠侠的书。他接着说:"有时间你应该给我们做一本蝙蝠侠的漫画!"

我大吃一惊。"除非你是认真的,否则请不要这样说。"

"我是认真的,奇(Chi)会继续跟进。"他指的是马克·奇亚雷洛,DC漫画的副总裁和创意总监,我认识他很多年了,而且合作过许多设计项目。后来的几天,我们都在讨论,接下来需要我提交一份提案,越详细越好。

即便我是一个忠实粉丝,可以全身心投入到关于蝙蝠侠历史的书籍创作中,但我并没有原创的蝙蝠侠故事可以讲述给读者。现在我不得不构思出一个故事来。我决定像以往做设计那样去解决这一问题:先给它一个定义。因此,我抛出了这个最基本的问题:蝙蝠侠为何而存在?

这个问题有很多个答案,但我更倾向于这个:因为哥谭市混乱不堪,警察无力独自解决这些问题,因此蝙蝠侠才会存在(其实在很多蝙蝠侠故事中警察才是麻烦本身,至少没起到什么正面作用)。顺着这个思路延展下去,蝙蝠侠的存在是为了对抗都市间的不义行径。作为一个在纽约生活了近30年的人,我开始寻找每天都会遇到的相关案例,以及可以作为素材的相关事物。同时我也在思考蝙蝠侠的粉丝们会想我可以呈现蝙蝠侠哪个独特的方面,突然一个书名出现在我的脑海中——《蝙蝠侠:设计致死》(*Batman: Death by Design*)。通常来说,一本书一般不从书名开始,你会先构建出故事情节,然后再想书名该叫什么,但这次对我而言恰好相反。再说,像我这样系统地研究了蝙蝠侠70年的故事和历史,我肯定没人用过这个书名。这点很关键。

之后我打开了报纸……

这是一篇令人震惊的报道。在一个阳光明媚的工作日下午,纽约的富人区——上东区,离我的公寓不到15个街区的一个地方,一个大型工程吊车失去平衡,一头砸进了街上的建筑物里,造成两人死亡。报纸头条做出了报道,画面惨不忍睹,人们找到了该为此负责的人,但过了很长的时间……没有任何人被起诉控告。我记得我当时的想法(我平时也经常这么想),"该死、蝙蝠侠肯定不会坐视不管"。

所以现在我有了故事的关键部分。但是后来我想起另一个城市不公事件(确切地说震撼了我),那是一个下午,我在宾夕法尼亚车站等Amtrak的列车进站。我指的就是这个毫无生气、混乱不堪的破车站。原本的旧车站采用优雅的法兰西学院派建筑风格,它在1961年突然被拆除,这是美国20世纪以来最大的建筑领域的犯罪之一——它直接导致了纽约地标保存委员会(Landmarks Commission)的成立,后来在10年后成功挽救了纽约中央火车站。但这个事件已经对社会造成了伤害,在随后的50年里仍然无法得到有效的解决。这构成了我故事的另一部分。现在我只需要投入时间,做出艺术规划,然后把角色加入进去。项目开始变得有趣了。我问马克·奇亚雷洛:"我可以用哪些角色?"

"什么意思?"

"配角、反面角色,有哪些是不能用的?"我知道角色选择不能与官方发行的月刊故事有冲突。但他向我保证这个项目没有这些限制,这是一个独立的故事。

"没有限制。你想使用谁?"

"阿尔弗雷德、小丑和企鹅人。"哈,一个宏大的计划。

"没问题,你可以用他们。"

真不错。"我还想设定一些新角色——一位女性领导者,一个反面角色,一个邪恶的工程项目领导,一对令人讨厌的建筑师和一位勇敢的年轻记者。"这些都没问题。但他提醒我任何我创作的角色出现在最终出版的漫画中都属于DC漫画的资产。我觉得可以接受,我理解他们的规则。

我想象这个故事会像弗里兹·朗(Fritz Lang)指导的大预算蝙蝠侠电影那样,但标题想结合《源泉》(*The Fountainhead*)和《码头风云》(*On the Waterfront*)这样的风格,同时点缀一些巴斯比·伯克利(Busby Berkeley)惯用的元素进去。我提交了一份内容大纲和角色表,审核通过。现在我们需要一位艺术家。奇亚雷洛推荐了利物浦艺术家戴夫·泰勒(Dave Taylor),他非常适合这个项目。他的画工了得,他创作的铅笔稿令人赞叹,他还有一位建筑师父亲。戴夫懂得如何描绘建筑,以及表现休·费里斯(Hugh Ferriss)的建筑概念,后者对哥谭市的塑造有着至关重要的影响。

A 我画的早期的"书本导览"草稿,以确定剧情的节奏和页面分镜。页数不得超过96页。一旦我确定好故事的开始和结束(我创作故事的时候总是按照这个顺序),就可以去安排故事情节的顺序和走向。

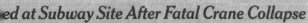

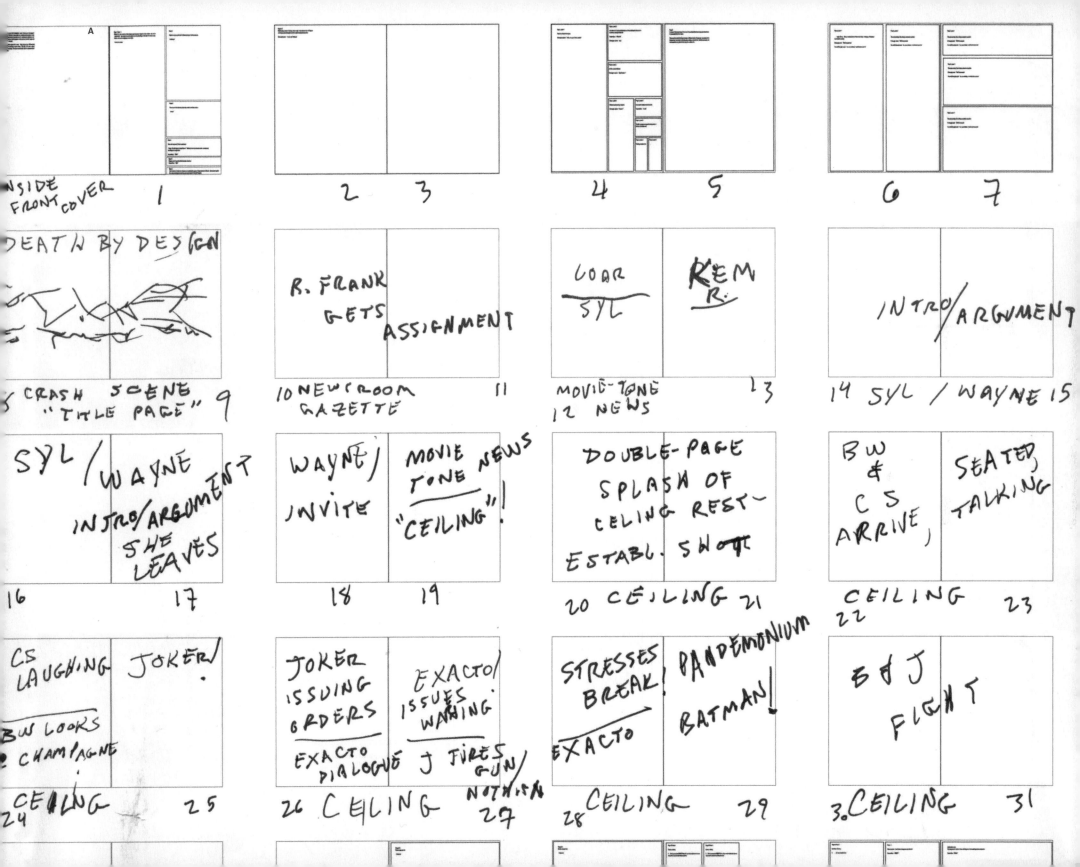

A 我为前两页绘制的草图。完成一本漫画有很多种方法,很多人像完成电影剧本那样去做一本漫画,但我喜欢先完成故事分镜,然后填入文字、剧情和对话。与几乎一半和我共事过的艺术家一样,戴夫也很喜欢这种方法,这样可以给他提供更多信息,同时减少故事结构上的决策。在初期阶段,他(客气地)想让我停止画这种笨拙的草图;他觉得故事板和文字信息就足够了。这对我来说是种解脱,我真的不太擅长绘画,而且节省了时间。

B 戴夫为前两页画面创作的定稿。非常漂亮。整个过程流畅无比,完美地将我想表达的内容和概念呈现在纸上(补充一下,这两页采用了黄金分割法)。

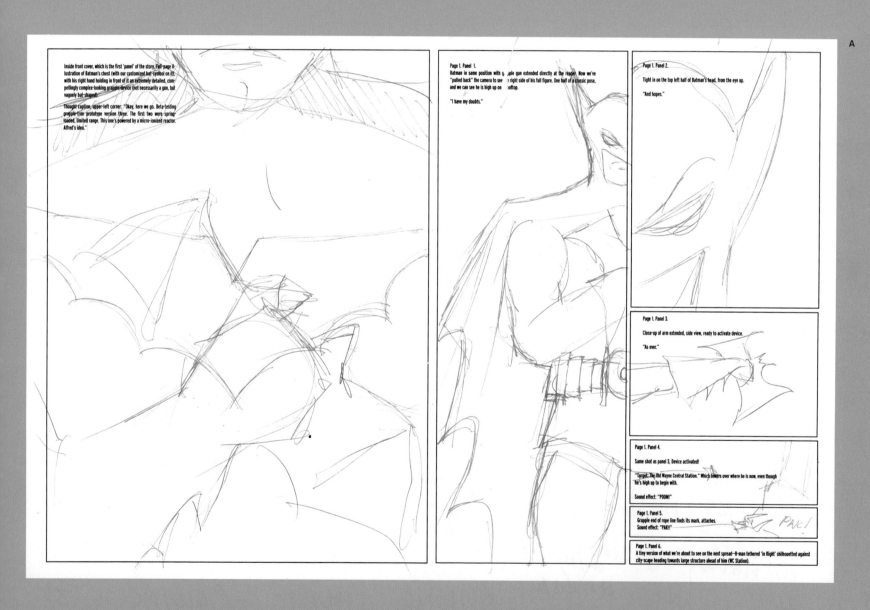

A

A　我原稿写的是"蝙蝠侠在夜幕中的哥谭市上空滑翔,用两页展示"。我设想画面中出现的蝙蝠侠露出正面,整个城市在他身后。然而戴夫给我的是这样的构图(草稿,302页;终稿,303页),这就是他是这个项目最佳人选的原因。每次他与我最初的设想有差距的时候,虽然次数不多,但他每次都是正确的,我从没反驳过他。我知道他做这个项目已经进入了最佳的状态。

A

Page 6, panel 1

. . . lands. Hard, on the roof of some protective scaffolding, one story above the sidewalk.

Sound effect: "THUDD"

Direct overhead shot of him on his back, looking up. Not happy, but relatively unhurt.

B thought panel: "THAT was smooth."

Second B thought panel: "No, you old lump. I won't miss you at all."

Page 6, panel 2

The next morning, scarcely ten feet away from the locale of panel 1, Bruce Wayne stands at a podium. It's a news conference. He shows bearly perceptible signs of wear and tear from the night before. A flank of the town big-wigs stands behind him, one of them holding a gleaming, polished-brass shovel.

BW dialogue: "People of Gotham. I stand before you, humbled, at the prospect of this opportunity. The old Wayne Central Station has long since served it's purpose. And so we bid it farewell. Decades ago, before I was born, my father commissioned it with the hope that it would literally bring the people of this city together. And for a long time, it did. But the city has changed. And with it, the habits and the needs of its citizens, and the old station has long since become unused and obsolete.

Which means it's time for it to make way for the future. It's the dawn of a new age for Gotham, not just right here, but all across the city. We are growing, building on the And so, I'm here to say, let's meet those needs. We're here today to break ground on the NEW Wayne Central Sta–.""

A 我还在画着草图。但很快就会停止了。

B 戴夫用这种专业的蓝色铅笔创作,他会先给我们看下这些画稿是否符合要求。在这个画面中,夜晚中蝙蝠侠掉落在旧韦恩中央车站的脚手架上,后来布鲁斯·韦恩宣布新韦恩中央车站将取代旧的车站。

C 最终的画面。在举行发布会的过程中,一个巨大的起重机从天而降砸了下来。当心!!

B

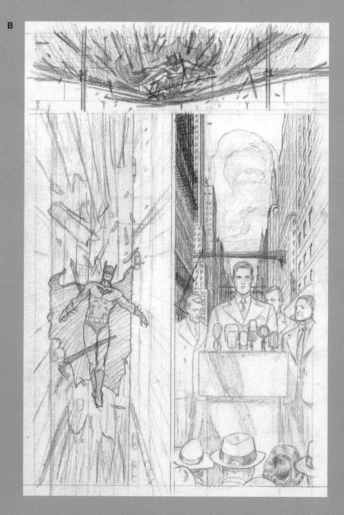

定稿画面（对页图），增加了很微妙的色彩。在大多数漫画和绘画小说中，有三个创作层次：用于确定整体画面的无法扫描的蓝色铅笔稿，接下来用铅笔确定最终的画稿，最后上色并擦掉铅笔稿，呈现出"线条清晰"的画面。当然这个过程有很多不同版本，特别是20世纪90年代后期数码绘画与手绘一样流行的时候。起初，我和戴夫想以传统的铅笔画形式开始这个项目，但后来他开始扫描他的铅笔稿，然后用绘画软件数码上色，在画面中增加一些很微妙的色彩。我认为最终效果很理想，因为你依然可以辨认出完整的手绘痕迹，这种强化的对比让画面看起来如静态的电影画面一般。我想我们找到了最适合的媒介和体裁。

A 戴夫的第一版"人物设计"，展示了布鲁斯披上披风变成我们的蝙蝠侠的样子，我在上面加了很多注解；我们的风格会比较传统，很有"穿上战斗服的家伙"这样的感觉。整体来说，我挺喜欢这些设计的，只是不想让他的脖子看起来很细。

B 蝙蝠洞的早期设定，想以此表现出蝙蝠侠用一种在20世纪30年代后期看起来科技含量很高的方法来收集信息，很像特斯拉和巴克·罗杰斯（Buck Rogers）的混合体，许多个电子屏幕同时工作是关键点。可以说是超出那个时代范畴的个人信息中心。

C 同上。

A

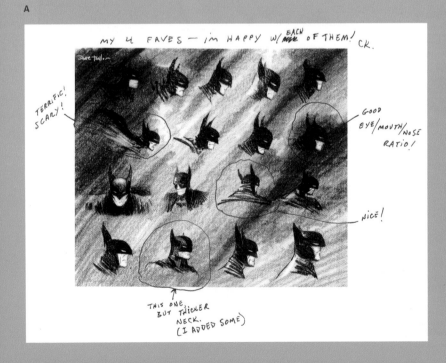

C

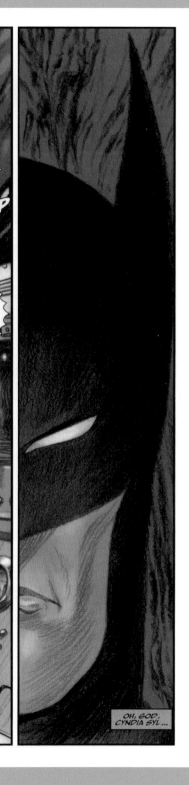

在这个故事中,我决定为布鲁斯·韦恩找一位出色的女性角色演对手戏,因此我创造出辛迪娅·塞尔(Cyndia Syl)这一角色,一位充满激情的建筑史学家,她试图拯救正在衰败却依然宏伟的韦恩中央车站,布鲁斯的父亲数十年前曾对她进行委托和监督。[辛迪娅的任务原型是20世纪70年代的杰姬·奥纳西斯(Jackie Onassis)成功挽救了纽约中央车站的事件。]

同时,布鲁斯赞成拆除和重建旧韦恩车站,其一是因为原始结构设计存在缺陷;其二是因为他想建立一个隐蔽的地下中转枢纽,这样他的蝙蝠车就不用顾忌哥谭市的地面交通情况了。他当然不能告诉她这些原因。我认为这部分剧情非常浪漫。

A 辛迪娅这个角色是基于格蕾丝·凯丽(Grace Kelly)设定的,而布鲁斯的原型则是蒙哥马利·克利夫特(Montgomery Clift),因为……为什么不能是他们呢?

A

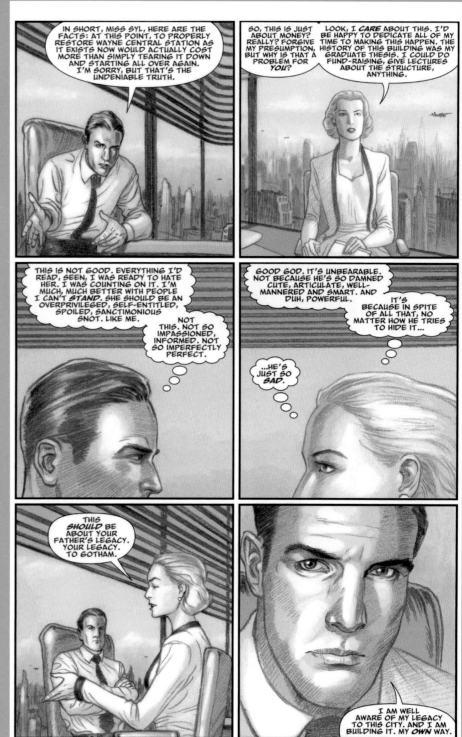

我们还保留了出现在蝙蝠侠早期作品"The Case of the Chemical Syndicate"中的环形腰带扣，我特别喜欢这个设定。

关于新的反派角色，我想叫他"Exacto"（一个非常有设计感的反派名字，而且在拼写上与那个刀具品牌区别开来），他是一位建筑评论家，蝙蝠侠的主要敌人。就像蝙蝠侠以往的敌人一样，他也有他自认为正当的理由去行动。再补充一句，他的原型是我，哈哈。

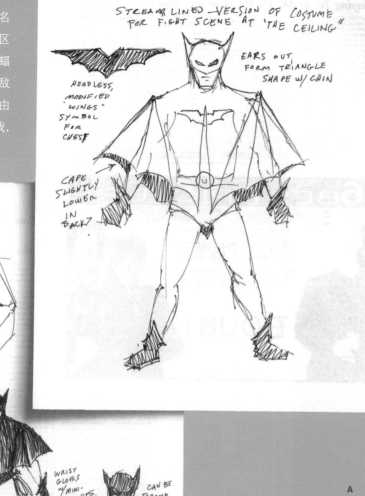

A 我设计出一种"便携版"的蝙蝠侠战斗服，配有一个像斗篷一样的披肩，可以折叠放进布鲁斯·韦恩的公文包内，但戴夫觉得这个设计毫无意义，我同意他的意见。有一点我们一致同意，那就是蝙蝠侠胸口的标志采用没有头只有展开的蝙蝠翅膀的那一版。这个标志相对来说更加流畅，它只在DC漫画#27期中出现过一次。

护目镜、带有话筒的复古头部配件、老旧宾馆接线员使用的听筒，这些组成了足以遮挡Exacto面部的"面具"，所以他可以是故事中的任何人。戴夫继续深化这个造型，让他看起来吸引人的同时又不是很诡异。（特别是这页的第二个画面组：Exacto看起来无比沉着冷静，蝙蝠侠肯定已经急死了。）我还很喜欢透过污渍和镜片上的反光观察这个角色，这让他更加神秘。

B　Exacto在故事中期一个关键场景的对话台词笔记。蝙蝠侠、巴特·洛尔（Bart Loar，邪恶的工程项目领导）和理查德·弗兰克（Richard Frank，勇敢的年轻记者）三人被困在高空即将坠落的起重机驾驶舱内（这是洛尔的计划，他现在正准备逃走）。Exacto突然出现在驾驶舱外，然后封死了舱门，并向舱内的人们述说着他们即将而来的命运。蝙蝠侠说Exacto与他们一样被困在这里，却得到敌人这样的回复，"还真不是"，随后扳动机关消失了。

C　我为Exacto设计的服装，很大程度上受了查尔斯·林德伯格（Charles Lindergh）穿越大西洋时穿着的皮革飞行夹克的影响。我觉得这件衣服V字廓形非常优雅且与众不同。我联系了很多裁缝让他们做一件出来，可他们都做不出来。

B

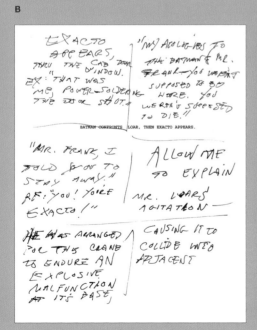

C

A 辛迪娅·塞尔找到了加内特·格林赛德（Garnett Greenside，也就是我）去询问他父亲乔治的下落，乔治是旧韦恩中央车站的设计师。格林赛德的"建筑设计公司"现在成了一间生活工作两用的公寓，里面堆满了各种各样的小装置原型机。眼镜男在门前说道："你来这里做什么？"——这对到访的人而言是很明显的警告，同时也提醒屋子里的人。

B 故事高潮部分的对话，蝙蝠侠与Exacto的正面对决。

C 同上。

D 现在蝙蝠侠知道他的真实身份了（加内特·格林赛德），但他更想知道Exacto要如何完成他的计划。（提示：他发明了一个叫"智能投影"的系统，我原本想以此来暗指这本书……）

未来就在当下

2009年6月25日，星期四，我正在一辆去我办公室的出租车上，我非常兴奋，因为我刚才为《新闻周刊》（Newsweek）拍摄了（当然是和乔夫·斯佩尔一起）人生中第一个封面（右图），这一期主要关于夏季阅读。然后迈克·杰克逊去世的新闻从广播中传来，享年50岁。真是令人难过的消息，但这两件事之间并无关联，直到我的电话铃声响起。

"嘿，我是邦尼。"邦尼·希格勒（Bonnie Siegler），当时是设计界的传奇二人组合Number 17的另一位成员（还有一位是艾米丽·奥伯曼）。她们当时是《新闻周刊》的艺术总监，她们想请我参与这个项目。

"迈克·杰克逊刚刚去世，"她继续严肃地说道。

"是的，我知道，我刚听说，很不幸。"我说道。我当时在想她为什么给我打电话说这个。对，我就是这么笨。

"呃，我们需要回应这条新闻。"她答道。然后我终于反应过来：是《新闻周刊》，这可是条大新闻，可这本杂志必须等到周末才能下厂印刷。这是周刊类新闻杂志的本质，所有一切都要为最新的新闻让步。我是从奥兹·埃利奥特（Oz Elliott，另一个传奇人物）那里知道的这些规律，他是一本20世纪60年代和70年代非常流行的杂志的主编。

再见了，我的夏季阅读封面。我是这么估计的。《新闻周刊》最终决定发行两种封面的杂志：我的封面会被发给订阅用户，迈克·杰克逊的封面（左图）则放在报刊亭。我由衷地感谢你们。

自2009年的那天起，我不由自主地感叹我们的科技有多么进步，以及我们的媒体对这些科技作出的应对。我们知道它将持续演变：书籍，杂志，报纸，电影，每个领域都会与新兴事物产生交集，甚至发生激烈的碰撞。我们作为公众的一部分，我们渴望听到故事，无论是真实的还是虚构的。这个真切的现实给了我希望，我也迫切渴望聆听和诉说那些尚在途中的奇闻轶事。

——奇普·基德 2016年于纽约

Index

Unless otherwise specified, all titles and projects listed in the index were designed by Chip Kidd.

Abrams, Charles, 224
Abrams, J. J., 150, 154
Abrams Books, 219, 223
Abrams ComicArts, 71, 219, 223, 241
Absolutely on Music: Conversations with Seiji Ozawa, 15
Academy of American Poets, 110
ACT-UP, 47
Ada, or Ardor, 187
After Dark, 8–9
AIGA, 147
Akhmatova, Anna, 193
Aldrich, Nelson W., Jr., 107
Ali, Muhammad, 55
Allen, Thomas, 86, 188
Allen, Woody, 108–109
All-Star Batman and Robin the Boy Wonder, 262–263
All-Star Superman series, 260–261
Almost Invisible, 130
Amador, Paul, 156
The Amalgamation Polka, 126
The Amazing Adventures of Kavalier and Clay, 48–49
American Academy of Arts and Letters, 24
American Fantastic Tales, 198–199
American Icon, 72–73
American Psycho, 166
The American People, 111
American Visions: The Epic History of Art in America, 103
Amis, Martin, 50–51
Amnesia, 115
Amphitryon, 118
Amtrak, 52–53
Anderson, Chris, 282
Anderson, Christopher, 167
And Then We Came to the End, 66–67
Arbus, Diane, 136
Artbreak, 242–243
Art School Confidential, 182–183
"Asymmetrical Girl," 242
Atavist Books, 96
The Athena Doctrine, 216
Avedon, Richard, 257
Awakenings, 232

The Baby Business, 217
Bad Robot, 150
Baitz, Jon Robin, 202
Barnett, Gina, 282, 283
Bass, Gary J., 113
Batman, 7, 26, 29, 236–237, 262–263, 269, 271
Batman: Black and White, 294–295

Batman: Death by Design, 296–314
Batman and Robin, 275
Batman Collected, 122
Bat-Manga: The Secret History of Batman, 274–277
Beck, C. C., 241
Before the Wind, 134
Before Watchmen, 165
Bezos, Jeff, 282
Bezos, MacKenzie, 192
Binder, Otto, 241
Bird in Space (Brancus), 57
Birnbach, Lisa, 286–291
Birthday, 181
Bissell, Tom, 114
Blechmann, Nicholas, 176
A Blessed Child, 100
Blind Willow, Sleeping Woman, 8
Blitz, Jeffrey, 138–139
Blood Meridian, 85
Blood's a Rover, 171
The Blood Telegram: Nixon, Kissinger, and a Forgotten Genocide, 113
Bock, Dennis, 79
Books for Living, 40–41
Border Songs, 134–135
Boston Book Festival, 146–147, 176
Bowers, Kathryn, 58, 59
Boyden, Joseph, 190
Braddock, Paige, 223, 224
Brancusi, Constantin, 57
Brando, Marlon, 116–117, 257
Breyer, Stephen, 125
Bridesmaids (film), 71
The Bridge, 55
Bright, Precious Days, 46
Bright Lights, Big City, 46
Brightness Falls, 46
Broadcast News (film), 152
Broden, Frederik, 199
Brunetti, Ivan, 281
Budko, Joseph, 196
Building Stories (Chris Ware), 28
Bullock, Dave, 270
The Bungler, 118
Burns, Charles, 33, 34, 37, 71
Burns, Sarah, 144
Burroughs, Augusten, 86–89, 149
Bush, Laura, 215

Cantor, Jay, 113
Capeci, Arnid, 228
Captain Marvel, 240–241
Capture, 191
Carey, Edith, 158–159
Carey, Peter, 115
Carroll, Lewis, 29
Carson, Carol Devine, 41, 77
Carver, Alyssa, 77
A Case of Exploding Mangoes, 78
Cavalieri, Joey, 270
The Central Park Five: A Chronicle of a City Wilding, 144–145
Chabon, Michael, 48–49
Charles M. Schulz Museum and Research Center, 223
The Cheese Monkeys, 33, 37, 39, 278
Chiarello, Mark, 264, 271, 272, 296, 298–299
Chip Kidd: Book One, 3, 75, 77, 178, 188, 202,
207, 257
Cho, Michael, 294–295
Cities of the Plain, 85
City on Fire, 13, 248–253
The City of Devi, 122
Clemens, Roger, 72–73
Clowes, Daniel, 182–183
Coady, Francis, 96
Collected Poems (Justice), 93
Collected Poems (Strand), 131
Collica, Michael, 239
Colorless Tsukuru Tazaki and His Years of Pilgrimage, 14–15
Columbia pictures, 182
Consumed, 204–205
Convergence, 264–267
Conversations with Frank Gehry, 56
Conversations with Scorsese, 116
Conversations with Woody Allen, 108
Cooke, Carolyn, 127
Cooke, Darwynne, 295
Cool It, 120–121
Cooper, Anderson, 254–255, 256
Cooper, Bradley, 202
Cooper-Hewitt, 168
Copeland, Stewart, 178, 179
Coppola, Francis Ford, 188–189
Costello, Elvis, 167
The Court and the World, 125
Cronenberg, David, 204–205
Crosley, Sloan, 148
Crumb, Robert, 178, 181
Cuba Libre, 60

D'Antonio, Michael, 66, 216
Dark Knight Returns series, 237
Daughters of the Revolution, 127
DC Comics, 28, 162, 219, 237, 241, 259, 261, 264–267, 268–273, 275, 294–295, 296, 298
DC Entertainment, 259, 270
Dean, Cecilia, 181
Death of a Murderer, 101
D'Elia, Greg, 289
Desiderio, Vincent, 156
Despicable Me (film), 68
Detective Comics, 29
deWilde, Barbara, 11
Diary of a Wimpy Kid, 219
Didio, Dan, 264, 296
Disney, Walt, 224
Dispatches from the Edge, 254–255
Djibouti, 60
Doonsbury, 229
Doubleday, 239
Downey, Robert, Jr., 136
A Draft of Light, 78
Duty, 99

Easy, 61
Echo Hunt, 114
Edgar, Kate, 230
Edie, 107
Ehrenhalt, Alan, 121
8th-Man, 275
Eisner, Will, 270
Eisner Awards, 28
Elliott, Oz, 315
Ellis, Bret Easton, 166–167
Ellison, Harlan, 29
Ellroy, James, 170–171, 188

The End of Overeating, 191
The End of Your Life Book Club, 41
Eno, Brian, 213
The Essential Engineer, 64
Essl, Mike, 163
The Evolution of God, 176–177
Excoffon, Robert, 204–205
Extra Lives: Why Video Games Matter, 114
The Extraordinary Journey of the Fakir Who Got Trapped in an Ikea Wardrobe, 63

Faith Interrupted: A Spiritual Journey, 109
Famous (music video), 157
Fangland, 96
Fawcett, 241
Feig, Paul, 71
Feinstein, Elaine, 193
Ferrell, Will, 182
Ferris, Hugh, 298
Ferris, Joshua, 66–67
Ferris, Saul, 275
Final Crisis, 272–273
Fixx, Jim, 10
Flora, Jim, 283
Foley, Greg, 181
The Force Awakens (film), 150
Ford, Harrison, 150, 152
Ford, Walton, 134
Forgiving the Angel: Four Stories for Franz Kafka, 113
"Four Freedoms," 124
France, David, 47
Frank, Dan, 231
Frank, Ze, 110
Froelich, Paula, 143
Fulford, Jason, 81, 115
Fur (film), 136–137

Gabriel, Philip, 7
Gaiman, Neil, 26–31, 296
Galassi, Jonathan, 142
Gall, John, 187
Gan, Stephen, 181
García, Cristina, 79
Garmey, Stephen, 193
Garrisson, Deb, 128
Gates, Henry Louis, 145
Gates, Robert M., 98
Geek Love, 26
Gehry, Frank, 56
George, Being George, 107
Gerzema, John, 66
Get a Financial Life, 67
Ghost in the Machine (Mick Haggerty), 178
Gibbons, Dave, 162–165
Gibson, Ralph, 42
Gilliam, Terry, 162
Glaser, Milton, 278
Glass, Randy, 281, 287, 290
Go: A Kidd's Guide to Graphic Design, 158, 278–281, 284
Going Home Again, 79
Goldblum, Jeff, 152
Goodman, Benny, 283
Goodman, Wendy, 257
Good Ol' Charles Schulz (documentary), 225
The Good Life, 46
Gowin, Elijah, 127
GQ Italia, 195
Grafton, Sue, 278
The Great Inversion and the Future of the

American City, 41, 121
Greenberg, Jill, 148
Greenberg, Michael, 92–93
Greenberg, Richard, 202
Greene, Brian, 244–247
The Green Dark, 61
Grossman, Austin, 68–69
Grunt, 97, 98
Gulp, 97

Half the Sky, 123
Hallberg, Garth Risk, 248–253
Hammer, Langdon, 106
A Handbook to Luck, 79
A Hand Reached Down to Guide Me, 41
Hanif, Mohammed, 78
Hanson, Eric, 15
Harger, Nathan, 144
Harkaway, Nick, 94–95
Hattemer-Higgins, Ida, 62
Hecht, Anthony, 201
The Hedonist in the Cellar, 42–43
Hemingway, Ernest, 176, 200–201
Hero, 70–71
Heshka, Ryan, 94
The Hidden Reality, 244
Hinders, Maggie, 13
Hindley, Myra, 101
Holidays on Ice, 91
Hollander, John, 78
Hollinghurst, Alan, 132
Hollywood Nocturnes, 170–171
Holzherr, Brittany, 264
Hostage, 112
Houellebecq, Michel, 204
How Did You Get This Number, 148
How It Ended, 44–45
How Literature Saved My Life, 40–41
How to Survive a Plague, 47
Hubble telescope, 244
Hub Fans Bid Kid Adieu, 75
Hughes, Andy, 11, 239
Hughes, Robert, 102–104
Hurry Down Sunshine, 92–93
Hutchinson, Joe, 229

Icarus at the Edge of Time, 244–247
The Illustrated Woody Allen Reader, 109
Imperial Bedrooms, 167
Isenberg, Barbara, 56
I Shudder: And Other Reactions to Life, Death, and New Jersey, 149
It Seemed Important at the Time, 257

Jackson, Michael, 315
Jackson, Samuel L., 83
James Merrill: Life and Art, 106
Jaramillo, Raquel, 278, 281
Jen, Gish, 133
Jones, Tommy Lee, 83
Judge This, 284
The Juice, 42
Jurassic Park, 95
Justice, Donald, 93

Kafka, Franz, 113
Kaliardos, James, 181

Kammen, Michel, 57
Kanfer, Stefan, 116–117
Katz, Alex, 181
Keaton, Diane, 150, 152
Keepers, 116–117
Kendrick, Anna, 138
Kerry, Andy and Michelle, 199
Kessler, David A., 191
Kidd, Ann, 215
Kidd, Chip, 3–4, 6–7, 26, 32–37, 52–53, 158–161, 180–181, 214–215, 222–225, 240–241, 242–243, 274–277, 278–281, 282–283, 284–285, 286–289, 294–295, 296–313
Kidd, Thomas, 75, 215
Kidman, Nicole, 136
Kirby, Jack, 241
Kirkman, Robert, 80
Kissinger, Henry, 113
Klima, Martin, 61
Klopfel, Holgar, 220
Kluger, Richard, 144
Kobliner, Beth, 67
Kochman, Charles, 219, 223
Korda, Michael, 257
Korté, Steve, 264
Kramer, Larry, 111
Kristof, Nicholas, 123
Kunhardt, Peter W., 105
Kunhardt, Peter W., Jr., 105
Kunhardt, Philip B., III, 105
Kuwata, Jiro, 275, 277

Laforet, Vincent, 130
Landrieu, Mary, 254
Lang, Fritz, 298
Lasser, Scott, 100–101
The Last Shift, 106
Lax, Eric, 108–109
The Learners, 33–37
Lee, Jim, 262–263
Left-Handed, 142
Leonard, Elmore, 60
Lepore, Jill, 258–259
Less Than Zero, 166–167
The Letter Q, 194
The Letters of Ernest Hemingway, 200–201
Letters to Véra, 187
Levine, Philip, 106
Levitz, Paul, 275
Liebowitz, Annie, 140
Life upon These Shores: Looking at African American History 1513–2008, 145
Lindbergh, Charles, 311
Lindsay-Abaire, David, 100–101
Lolita, 185
Lomborg, Bjorn, 120–121
Longo, Robert, 44
Looking for Lincoln: The Making of a Cultural Icon, 105
The Looming Tower, 172
Love, Dishonor, Marry, Die, Cherish, Perish, 238–239
Lovers' Quarrels, 119
Lucas, Craig, 199
Luna, Ian, 183
Lynch, Jim, 134–135
Lyrics: 1964–2006, 206–207

McAdams, Rachel, 150, 152
McCarthy, Cormac, 80–85
McClatchy, J.D. "Sandy," 130, 132, 156–159, 161,

316

Chip Kidd: Book Two

215, 239, 282, 289
McDougall, Christopher, 73
McInerney, Jay, 42–46
McKean, Dave, 28
McMullan, Patrick, 44
McMurray, Fred, 241
Madere, John, 281
Make Good Art, 26–27, 29–31
"Make Good Art" (Gaiman), 28
Making Our Democracy Work, 125
Man and Camel, 129–130
Mankell, Henning, 199
Mantello, Joe, 202
The Map and the Territory, 204
Marks, John, 96
Marston, William Moulton, 258
The Mary Tyler Moore Show
(TV show), 152
Matcho, Mark, 60
Matetsky, Harry, 241
Mazzucchelli, David, 275
Medvedev, Dmitri, 62–63
Mehta, Sonny, 17, 64–65, 85, 99, 185, 186, 196, 286
Mendelsund, Peter, 51
Men Without Women, 7
Mercury Dressing, 156
Mercury in Retrograde, 143
Merrill, James, 106
Metropolitan Opera, 140–141
Michaelis, David, 220–221
Michelangelo, 217
Migraine, 233
Milgram, Stanley, 33–35, 37
Miller, Diana, 252
Miller, Frank, 49, 237, 262–263
Millionaire, Tony, 178–179
The Mind's Eye, 232
Mingheila, Max, 183
MoCCA Arts Festival, 71
Molière, 118–119
Moore, Alan, 162–165
Moore, Andrew, 83
Moore, Perry, 70–71
Morath, Inge, 257
Morning Glory (film), 150–154
Morrison, Grant, 260–261, 272–273
Mould, Bob, 47
Mr. Robot (TV series), 114
Murakami, Haruki, 6–19
The Museum of Innocence, 22–23
Museums and Women, 77
Musicophilia: Tales of Music and the Brain, 230
My Father's Tears (Carol Devine Carson), 76–77
My Name Is Red, 23
Mythology: The DC Comics Art of Alex Ross, 268

Nabokov, Dmitri, 185, 186
Nabokov, Vera, 185
Nabokov, Vladimir, 47, 184–187
Nadeau, Gary, 242
NASA, 244
Nathan, Jean, 171
National Design Award for Communications, 168
National Design Awards, 214–215

National Design Museum, 108, 168
National Poetry Month, 110
Natterson-Horowitz, Barbara, 59
Natural Born Heroes, 73
Nelson, Diane, 259
Némirovsky, Irène, 196–197
Never Say Goodbye, 254
Newsweek, 315
New York, 144, 195, 235
New York ComicCon, 219
New Yorker, 127, 258
New York Post, 292
New York Times, 62–63, 121, 158, 231, 289, 292
New York Times Best-Seller List, 13, 15, 290
New York Times Book Review, 67, 99, 176
Niemann, Christoph, 98, 202, 230
Night, 112
Nixon, Cynthia, 101
Nixon, Richard M., 113
Nobel Prize for Literature, 23, 112
Number 17, 315

Obama, Barack, 55
Oberman, Emily, 272, 315
Obsession, 256
The Official Preppy Handbook, 286
Olds, Sharon, 128
Onassis, Jackie, 308
1Q84, 10–13, 15, 71
One Woman Shoe, 5
Only What's Necessary, 221–223
On the Golden Porch, 134
On the Move: A Life, 230–231
Open Heart, 112
The Orenda, 190
The Original of Laura, 47, 184–186
Other Colors, 21
Ozawa, Seiji, 15

Pamuk, Orhan, 20–25
Paramount, 150, 154
Paris Review, 107
Parker, Bill, 241
Parkinson, Jim, 229
Parks, Gordon, 257
A Passion for Leadership, 99
A Path Appears, 123
Peace Statue, 216
Peanuts and the Art of Charles M. Schulz, 223
Peanuts Worldwide, 223
Penn State University, 4, 33, 64, 77, 242
Pentagram, 272
Perfidia, 170
Perlman, Chee, 282
Petrilli, Marco, 242
Petroski, Henry, 64–65
Piñon, Nélida, 193
Platon, 99
Play the Part, 282
Plimpton, George, 107
Plundered Hearts: New and Selected Poems, 156–157
Poets & Writers, 194
Police, 178–179
Ponsot, Marie, 61
Pop Art, 33
Porter, Deborah, 147
The Possibility of an Island, 204

Possible Side Effects, 88–89
Present Tense, 143
Puértolas, Romain, 63
Pulitzer Prize for Poetry, 128
Purcell, Phillip J., 67
Pynchon, Thomas, 278

Quammen, David, 58
Quint, Michelle, 284
Quitely, Frank, 260–261

Rabbit Hole, 100–101
Rabinowitz, Anna, 92–93, 143
The Rainbow Comes and Goes, 256
Rakoff, David, 238–239
Rand, Ayn, 120–121
Reading Symphony Orchestra, 140
Reagan, Judith, 235
Reality Hunger, 39
Remnick, David, 54–55
Remote (Shields), 39
Reporting, 54
Retail Architecture and Shopping, 183
Ripley's Believe It or Not, 224
Rizzoli, 183
Roach, Mary, 97–98
The Road, 80–83, 85
Robert, Francois, 205
Roberts, Julia, 202
Roberts, Stone, 156
Rocket Science (film), 138–139, 150
Rockwell, David, 282
Rockwell, Norman, 124
Rodin, Auguste, 57
Rolling Stone, 226–229
Rome: A Cultural, Visual, and Personal History, 104
Roosevelt, Franklin D., 124
Ross, Alex, 268–269
Ross, Jonathan, 28
Rough Justice, 268–269
R. R. Donnelley, 11–12
Rudd, Paul, 202
Rudnick, Paul, 149
Rushdie, Salman, 278
Russell, Karen, 96–97
Ryan, Paul, 121

Sacks, Oliver, 230–233
Sagan, Carl, 244
Sander, Jil, 215
Sanders, Terry, 46, 250
San Diego ComicCon, 28, 71, 272
Sandman, 26, 28, 29
Savage, Stephen, 202
Scher, Paula, 292
Schickel, Richard, 116–117
The School for Husbands and The Imaginary Cuckold, 119
Schulz, Charles, 220–225
Schulz, Jeannie, 223, 224
Schulz and Peanuts, 220–221
Schwalbe, Will, 40–41
Schwarm, Larry, 85
The Second Plane, 50–51
The Secret History, 11
The Secret History of Wonder Woman, 258–259
Sedaris, Amy, 5
Sedaris, David, 5, 39, 90–91, 148
See a Little Light: The Trail of Rage and

Melody, 47
Segal, Jonathan, 99
Seibert, Elena, 230
Seigler, Bonnie, 315
The Selected Letters of Anthony Hecht, 201
The Selected Letters of Thornton Wilder, 201
Sellevision, 88–89
Serino Coyne, 203
Seth, 239
Shatner, William, 29
Shazam! The Golden Age of the World's Mightiest Mortal, 240–241
Shields, David, 38–40
The Shock of the New, 103
Shonen Gahosha, 275
Silent House, 23
Simon, Eddie, 207
Simon, Joe, 241
Simon, Paul, 149, 206–213, 215
Simple Justice, 144
Sinatra, Frank, 257
Sinclair, Alex, 263
Sklaroff, Sara, 158
Sleep (Vincent Desiderio), 156
Sleep Donation, 96–97
Small Tragedy, 199
Smithsonian Institution, 215, 168–169
Snow, 23
Somebody: The Reckless Life and Remarkable Career of Marlon Brando, 116–117
Sony Design: Making Modern, 183
Soon I Will Be Invincible, 68–69
Sorbeck, Winter, 39
Spar, Debora L., 217
Spear, Geoff, 15, 40, 41, 42, 65, 67, 68, 70, 88–89, 90, 96, 136, 138, 146, 149, 163, 165, 169, 176, 182, 213, 224, 241, 289, 315
Spear, Jet, 149, 213, 281
The Spectacle of Skill, 103
Speicher, Eugene, 132
Spend Shift, 66, 216
Spillover, 58
Spitzer, Eliot, 234, 235
Springing (Ponsot), 61
Stag's Leap, 128
Starn, Doug, 168
Starn, Mike, 168
Steinberg, Saul, 131
Stewart, Martha, 292
Sting, 178, 179
"Stop the Violence" series (Francois Robert), 205
Strand, Mark, 129–131
Strand bookstore, 278
The Strange Library, 16–19
A Strangeness in My Mind, 24–25
The Stranger's Child, 132
Stranger Than Fiction, 182
Straub, Peter, 199
Strömholm, Christer, 199
The Substance of Fire, 202
Suicide Squad (film), 68
Suite Française, 196–197
Summers, Andy, 178
The Sunset Limited, 80
Superman, 70, 241, 260–261, 263, 268–269, 271, 272, 295
Suri, Manil, 122
Surprise, 149, 207–213
Suzuki, Koji, 181
Sweet Theft: A Poet's Commonplace Book,

157
Swift, Elvis, 197

Tartt, Donna, 11
Taylor, Dave, 296–314
Taylor, David Van, 225
TED, 282–283, 284–285
Terrorist, 74–75
The Terror Years, 173
Theft, 115
The Thing about Life Is That One Day You'll Be Dead, 38–39
Things I Didn't Know, 102–103
Thomas, Bill, 239
Thompson, Emma, 182
Thompson, Reece, 138
Thomson, Rubert, 101
Thoughts on Democracy, 124
Three Days of Rain, 202–203
Tigerman, 94–95
Time, 99, 116, 161, 173, 174–175
Timm, Bruce, 295
Tolstaya, Tatyana, 134
Tong, Kevin, 96
The Toothpick, 64–65
The Toughest Show on Earth: My Rise and Reign at the Metropolitan Opera, 140–141
Traps, 192
A Treacherous Paradise, 199
Trinity, 271
Troy, Marshall, 91
Trudeau, Gary, 229
True Prep, 257, 286–291
Type Directors Club, 292–293

Ullmann, Linn, 100
Updike, John, 10, 74–77
Updike, Martha, 75
Updike, Wesley, 75
USA Today, 33

Vanderbilt, Gloria, 254, 256–257
van Gogh, Vincent, 91
Villain, 205
Villarubia, José, 162
Visionaire, 181–182
Visual Shock, 57
Voices of the Desert, 193
Volpe, Joseph, 140–141
Vonnegut, Kurt, 181

The Walking Dead (Robert Kirkman), 80
Wall Street Journal, 79, 287
Wanger, Shelley, 140, 286
The Wanton Sublime, 92–93
Ware, Chris, 28, 34, 37, 76, 158, 160–161
Warner Brothers, 264
Warner Brothers Records, 207
Watching the Watchmen, 162–165
Watson, Albert, 112
Webster, Stephen, 91
Wenner, Jann, 228
West, Kanye, 157
When You Are Engulfed in Flames, 90–91
Whitman, Walt, 110
Wiesel, Elie, 112
Wilbur, Richard, 118–119
Wilder, Thornton, 201
Williams, Scott, 263
Williams, Ted, 10, 75
Wind / Pinball, 15

Winfrey, Oprah, 83
Wired, 176
A Wolf at the Table, 89
Wolfsonian Museum, 124
Wonder Woman, 258, 271
Wonder Woman: The Complete History, 258
Working Girl (film), 152
World and Town, 133
The World of Gloria Vanderbilt, 257
Wright, Lawrence, 172–173
Wright, Robert, 176–177
Wright, Stephen, 126
WuDunn, Sheryl, 123
Wyeth, Andrew, 220
Wyeth, N. C., 220

The Yiddish Policemen's Union, 48–49
Yoshida, Shuichi, 205
You Better Not Cry, 86–88

Zoetrope All-Story, 86, 188–189
Zoobiquity, 58–69

谢谢你们！

如果没有来自双日集团克诺夫出版社的艺术总监卡罗·迪瓦恩·卡森，以及克诺夫出版社主席和总编辑索尼·梅塔在过去30年的帮助，我都无法开启我的设计生涯。就是这么简单。我也要感谢同集团的同事们：托尼·基里科（Tony Chirico），丹·弗兰克，加里·费斯克强（Gary Fisketjon），莱克茜·布鲁姆（Lexy Bloom），雪莉·温格，安妮·迪亚茨（Anne Diaz），安迪·休斯，奥泰·卡尔帕（Altie Karper），保罗·博加兹（Paul Bogaards），德比·加里森，克莱尔·布拉德利（Claire Bradley），罗宾·德瑟（Robin Desser），安·克罗斯（Ann Close），佩格·撒麦迪（Pegge Samedi），乔纳森·西格尔。他们不仅跟我关系紧密，而且是出版界最棒的一群人。期待我们的下一个30年。

马克·梅尔尼克（Mark Melnick）为这本书扩充了很多内容，而且比第一本书更专业，真的非常了不起。他筛选了这十年间有价值的作品，把它们有意义地呈现出来。没有他就没有这本书。

乔夫·斯佩尔，这世界上我最好的朋友之一，总是通过镜头呈现优美的事物。没人比他更能捕捉到那些美妙的瞬间了。

村上春树、尼尔·盖曼、奥尔罕·帕慕克。你们为我写了序言。我无以回馈你们的好意。

在宾夕法尼亚州的特别收藏图书馆，艾丽莎·卡佛、桑德拉·思特兹（Sandra Stects）、蒂姆·派亚特（Tim Pyatt）细心地保存和看管了我的作品。在我的母校能找到自己的痕迹是无比荣幸的一件事。

里佐利出版社：编辑伊恩·露娜有着全世界最好的品位，决定与我再做一本书；查尔斯·麦耶斯（Charles Miers）掌控着里佐利这艘大船优雅而坚定地持续前行；莫妮卡·A.戴维斯（Monica A. Davis）和梅甘·麦格文（Meaghan McGovern）为辅助编辑和出版亦有贡献。

迈克尔·赵、J.J.艾布拉姆斯、黛比·米尔曼（Debbie Millman）、克里斯·韦尔、伊迪斯·凯丽、查理·科赫曼、安德森·库珀、马汀·帕尔（Martin Parr）、麦琪·阿普尔顿（Maggie Appleton），你们为这本书创作了艺术作品，付出了爱与指导，更棒的是为此带来了我们的友谊。

妈妈和爸爸，安·基德和汤姆·基德，小姨塞尔，兄弟沃尔特和他的孩子们：劳伦、山姆、汤米和马休，永远爱你们，感谢你们不断地付出。

对于我先生J.D.麦克拉奇，我们在一起22年，他每天早上把我踹下床然后提醒我在喝酒玩乐之前做出点有意义的东西。我在努力，亲爱的，我在努力！！

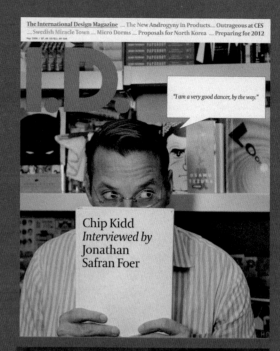

Chip Kidd:Book Two
Copyright©2017 *Chip Kidd:Book Two*,with texts by Neil Gaiman,Haruki Murakami,and Orhan Pamuk
Originally published in English under the title *Chip Kidd:Book Two* in 2017,Published by agreement with Rizzoli International Publications,New York through the Chinese Connection Agency,a division of The Yao Enterprises,LLC.
©2019 by Chongqing University Press Co.Ltd
All Right Reserverd.

版贸核渝字（2018）第008号

图书在版编目（CIP）数据

奇普·基德的设计世界：关于村上春树、奥尔罕·帕慕克、
尼尔·盖曼、伍迪·艾伦等作家的书籍设计故事/
（美）奇普·基德（Chip Kidd）著;钱昊旻译.－－重庆：
重庆大学出版社,2019.5
书名原文：Chip Kidd:Book Two
ISBN 978-7-5689-1465-9
Ⅰ.①奇… Ⅱ.①奇…②钱… Ⅲ.①书籍装帧—设计
Ⅳ.①TS881
中国版本图书馆CIP数据核字（2019）第025989号

奇普·基德的设计世界：关于村上春树、奥尔罕·帕慕克、尼尔·盖曼、
伍迪·艾伦等作家的书籍设计故事
QIPU JIDE DE SHEJI SHIJIE GUANYU CUNSHANGCHUNSHU AOER
HAN PAMUKE NIER GAIMAN WUDI AILUN DENG ZUOJIA DE SHUJI
SHEJI GUSHI
[美] 奇普·基德 著
钱昊旻 译

策划编辑　张　维　　　责任校对　王　倩
责任编辑　李桂英　　　书籍设计　刘　伟
责任印刷　张　策

重庆大学出版社出版发行
出版人：易树平
社　址：重庆市沙坪坝区大学城西路21号
电　话：（023）88617190　88617185（中小学）
传　真：（023）88617186　88617166
网　址：http://www.cqup.com.cn
邮　箱：fxk@cqup.com.cn（营销中心）
全国新华书店经销
印　刷：天津图文方嘉印刷有限公司

开本：965mm×1270mm　1/16　印张：20　字数：930千
2019年5月第1版　2019年5月第1次印刷
ISBN 978-7-5689-1465-9　定价：169.00元

本书如有印刷、装订等质量问题，本社负责调换
版权所有，请勿擅自翻印和用本书制作各类出版物及配套用书，违者必究

本书内文纸极致浅米105克由晶品纸业提供。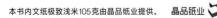